科学探索丛书
KEXUE TANSUO CONGSHU
大洋深处之谜
DAYANG SHENCHU ZHIMI
陈敦和 主编
U0203321
上海科学技术文献出版社
Shanghai Scientific and Technological Literature Press

图书在版编目(CIP)数据

大洋深处之谜/陈敦和主编. —上海:上海科学技术文献出版社,2019

(科学探索丛书)

ISBN 978-7-5439-7908-6

Ⅰ. ①大… Ⅱ. ①陈… Ⅲ. ①海洋—普及读物
Ⅳ. ①P7-49

中国版本图书馆 CIP 数据核字(2019)第 081268 号

组稿编辑:张 树
责任编辑:王 珺
助理编辑:朱 延

大洋深处之谜

陈敦和 主编

*

上海科学技术文献出版社出版发行
(上海市长乐路 746 号 邮政编码 200040)
全国新华书店经销
四川省南方印务有限公司印刷

*

开本 700×1000 1/16 印张 10 字数 200 000
2019 年 8 月第 1 版 2021 年 6 月第 2 次印刷
ISBN 978-7-5439-7908-6
定价:39.80 元
http://www.sstlp.com

前言 Preface

在我们美丽的地球表面，浩瀚无边的海洋约覆盖了地球表面积的71%，从太空拍摄地球的图片来看，地球是一颗蔚蓝色的“水球”。对于人类而言，海洋既亲切又神秘，让人充满敬畏。

海洋是地球生命诞生的摇篮，它创造了生命，哺育了生命。亿万年来，海洋尽力维系着地球生态系统这个生机勃勃的世界，保持着地球的繁荣与昌盛。毫不夸张地说，人类社会文明进步的每一个历史发展阶段都与海洋息息相关。而且在不久的将来，海洋将成为人类生存和发展的另一个主要空间，提供我们所必需的食物和能源。

海洋极其博大，有无穷无尽的奥秘，是那样令人向往，总是让人们着迷不已，想不断地探究海洋的奥秘。其实，人类自诞生之时起，就开始关注海洋、研究海洋了。但是海洋实在太博大、神奇，至今人类对海洋的了解还不够深入。随着科学技术的不断发展和进步，人类掌握了许多有关海洋的相关知识，对海洋的了解也已经越来越多，但是仍然有许多未解的秘密，待于我们进一步的探索和挖掘。

本书会让我们了解到人类探索水世界的艰难而又充满自信的历程，我们会看到一个陌生而新奇的海洋世界。神秘的海洋中，有诡异的现象、奇怪的生命、可怕的灾难、恐怖的死亡区域以及传奇的宝藏等等，这些海洋中扑朔迷离的谜团既令人惊讶，又令人着迷。让我们一起探索海洋的秘密，揭开海洋神秘的面纱，加强对这片神奇美丽的蓝色水域的认识和了解！

目录 Contents

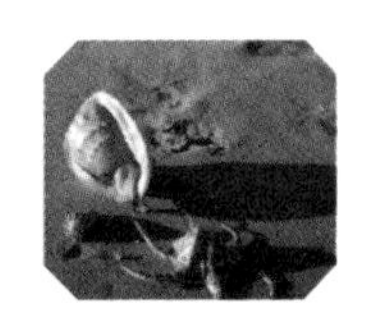
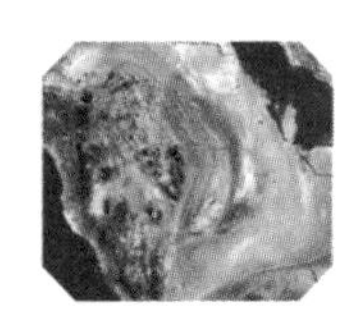

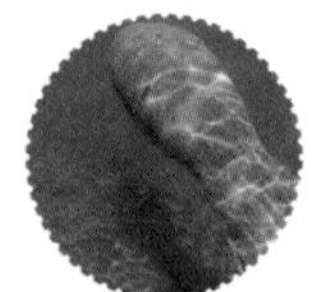

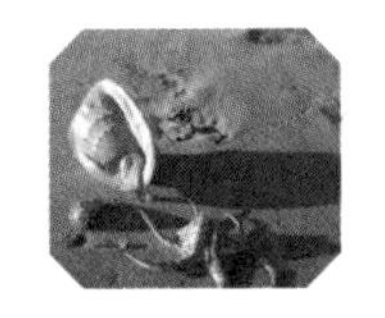

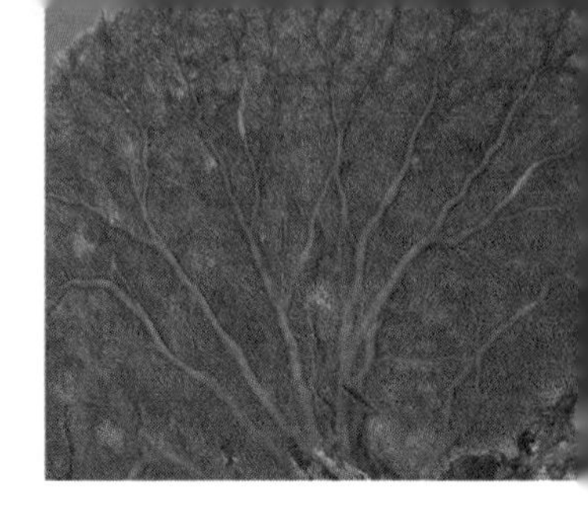

第六章 难以预料的悲惨海难 125

科学探索丛书

第一章

无法掌控的海洋命运

海洋充满奥秘，也许在一个极其偶然的机会中，它神奇地诞生了。海洋是带着秘密而来的，我们无法预料，未来的某一天它是否会消失灭亡，或者是将陆地吞没。但是不可否认的一点是，海洋时刻在变化。海洋的命运是无法掌控的，但是掌握一定的海洋规律，还是有利于我们探索海洋的秘密。

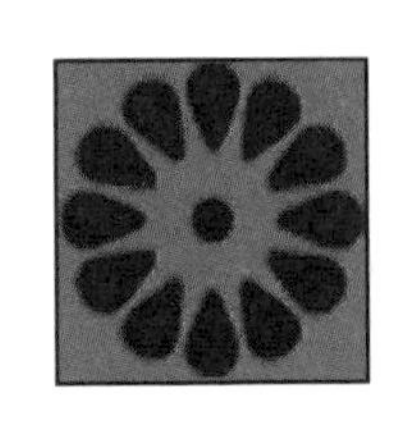

海水的来源

小/档/案

形成时间：不详

海水来源：来自太空的陨石或是地球的矿物、岩石

连绵不绝的海水分布于地表的巨大盆地中，面积约3.62亿平方千米，占地表面积的71%。海洋中含有十三亿五千多万立方千米的水，占地球总水量的97%，有人说地球应该叫水球更为贴切一些。但这么多的海水都是从哪来的呢？由于海洋比人类诞生的时间要早数十亿年，对于这个问题人们各执一词，莫衷一是。海洋是地球生命的起源地，约占地球表面的四分之三。海洋中的水是怎么来的呢？

★ 火山爆发说

一般认为水是地球固有的。当地球从原始太阳星云中凝聚出来时，这些水便以结构水、结晶水等形式存在于矿物和岩石中。以后，随着地球的不断演化，轻重物质的分异，它们便逐渐从矿物和岩石中释放出来，成为

★ 神秘的海水

海水的来源。例如，在火山活动中总是有大量水蒸气伴随岩浆喷溢出来，一些人认为，这些水汽便是从地球深处释放出来的“初生水”。

然而，科学家们经过对“初生水”的研究，发现它只不过是渗入地下，然后又重新循环到地表的地面水。况且，在地球近邻中，金星、水星、火星和月球都是贫水的，唯有地球拥有如此巨量的水。这实在令人感到迷惑不解。但也有人说虽然火山蒸汽与热泉水主要来自地面水循环，但不排除其中有少量“初生水”。如果过去的地球一直维持与现在火山活动时所释放出来的水汽总量相同的水汽释放量，那么几十亿年来累计总量将是现在地球大气和海洋总体积的100倍。所以他们认为，其中99%是周而复始的循环水，但却有1%是来自地幔的“初生水”，正是这部分水构成了海水的来源。而地球的近邻贫水，是由于其引力不够或温度太高，不能将水保住，更不能由此推断地球早期也是贫水的。

也有人认为水来自太空，水从太

相关链接

初生水：岩浆冷却过程中形成的地下水，随着岩浆的冷却，气态物质开始分异出来，其中的氢和氧在高温高压下化合而成的水即为初生水。初生水来源于地幔去气作用，从未参加过地表循环。

★ 辽阔的海洋

空来到地球有两个途径：一是落在地球上的陨石，二是来自太阳的质子形成的水分子。

海水是由坠落的冰陨石形成的似乎有一定的道理。事实上，冰陨石无时无刻不在撞向地球。由于人类居住的地方在如此巨大的地球上所占面积较小，所以也很少有机会目睹冰陨石降落，但确实有目击者。1980年8月初，西班牙马拉加省洛拉市附近农庄里的农民在田地中干活时，突然一个巨大的冰陨球从天上掉到了田地里，这个冰球体积巨大，有50千克重，落地碎裂。

最先发现冰陨石几乎每时每刻都袭向地球的人是美国科学家弗兰特。他在对1981～1986年以来从人造卫星发回的数千张地球大气层的辐射图进行研究时，发现总是有一些小黑点在上面，每个小黑点出现的时间不长，只有两三分钟。那些撞入地球的冰球便是造成这些小黑点的原因，这些小点是它们融化成水汽留下的阴影。他利用这些小黑点的大小和出现的频率，估计每分钟坠入地球的冰球大约有20颗，冰球的平均直径大约为10米，每颗融化后形成的水重达100吨。也就是说每年地球可以从这种冰球获得10亿吨水。据此，他认为，现在覆盖地球表面3/4的水，都是来自于冰球融化。

还有些科学家认为地球上的水是由闯入地球的彗星带来的。因为从人造卫星发回的数千张地球大气紫外辐射照片中发现，在圆盘状的地球图像上总有一些小斑点，每个小黑斑大约存在二三分钟，面积为2000平方千米。科学家们认为，这些斑点是一些由冰块组成的小彗星冲入地球大气层造成的，地球中最原始的水正是这种陨冰因摩擦生热转化为水蒸气的结果。科学家估计，每分钟大约有20颗平均直径为10米的冰状小彗星进入地球大气层，每颗释放约100吨水。自地球形成至今46亿年中，将有23亿立方千米的彗星水进入地球。这个数字显然大大超过现有的海水总量。因此这个观点是否正确还有待验证。

水是地球上一切有生生物的源泉，可是至今我们也没有弄清水是怎么来的，生命又是如何开始的。一般认为地球之所以存在辽阔的海洋，应该是多方面的原因。既有地球内部自生的水，也有来自地球外部的水，是它们共同的作用使地球出现了海洋。

地球经历了上亿年才出现海洋，继而出现生命，这是多么不容易实现的过程。海洋的水来自哪里或许只是个探讨性的问题，真正摆在我们面前的问题是要如何保护地球的水资源，这一课题关系着地球的未来，也许比研究水从哪里来更有实际的意义。

知识外延

陨石是地球以外未燃尽的宇宙流星脱离原有运行轨道或成碎块散落到地球或其他行星表面的、石质的、铁质的或是石铁混合物质，也称“陨星”。大多数陨石来自小行星带，小部分来自月球和火星。

★ 水是地球上一切有生生物的源泉

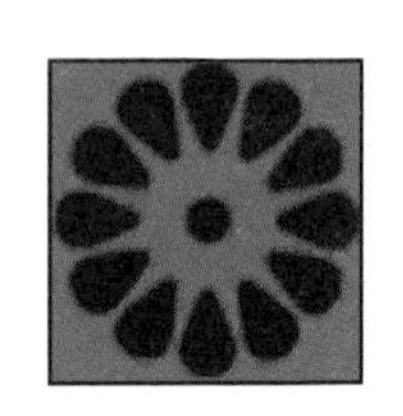

来历不明的太平洋

小/档/案

发现时间：1513年

地理位置：位于亚洲、大洋洲、南极洲和南美洲、北美洲之间。

1513年，瓦斯科·努涅斯·巴尔波发现太平洋。后被葡萄牙航海家麦哲伦命名为太平洋。太平洋是当代地球上最大的构造单元，与大西洋、印度洋和北冰洋相比，它有着许多特有的、与众不同的演化史，如环太平洋的地震火山带、广泛发育的岛弧——海沟系、大洋两岸地质构造历史的显著差异……

许多人相信太平洋可能有着它与众不同的成因。长期以来，科学家们提出过许多关于太平洋成因的假说，其中最引人注目的是19世纪中叶，乔治·达尔文（1879年）提出的“月球分出说”。

达尔文认为，地球的早期处在半熔融状态，其自转速度比现在快得多，同时在太阳引力作用下会发生潮

★ 潮汐

★ 地球表面凹凸不平

汐。如果潮汐的振动周期与地球的固有振动周期相同，便会发生共振现象，使振幅越来越大，最终有可能引起局部破裂，使部分物体飞离地球，成为月球，而留下的凹坑遂发展成为太平洋。

由于月球的密度（3.341克/立方厘米）与地球浅部物质的密度（包括地幔的顶部橄榄岩层在内的岩石圈的平均密度为3.2～3.3克/立方厘米）近似，而且人们也确实观测到，地球的自转速度有愈早愈快的现象，这就使乔治·达尔文的“月球分出说”获得了许多人的支持。

然而一些研究者指出，要使地球上的物体飞出去，地球的自转速度应快于24.17小时，亦即一昼夜的时间不得大于1小时25分。难道地球早期有过如此快的旋转速度吗？这显然很难令人相信。再者，如果月球确是从地球飞出去的，月球的运行轨道应在地球的赤道面上，而事实却非如此。还有，月球岩石大多具有古老得多的年龄值（40亿～45.5亿年），而地球上已找到的最古老岩石仅38亿年，这显然也与飞出说相矛盾。终于，人们摒弃了这种观点。

20世纪50、60年代以来，由于天体地质研究的进展，人们发现，地球的近邻——月球、火星、金星、水星等均广泛发育有陨石撞击坑，有的规模相当巨大。这不能不使人们想到，地球也有可能遭受到同样的撞击作用。

1955年，法国人狄摩契尔最先提出，太平洋可能是由前阿尔卑斯期的流星撞击而成的。并且他认为这颗流星可能原是地球的卫星，直径几乎为月球的2倍。可惜没能提出足够的证据。

众所周知，月球上没有活跃的构造活动，陨石撞击作用是月壳演化的主要动力。月海是月球早期小天体猛烈轰击形成的近于圆形的洼地，其底部由稍后喷溢的暗色月海玄武岩所充填。最大的月海——风暴洋面积达500万平方千米。

将太平洋与月海相对比，可以看到如下共同特征：

1.月海在月球上的分布是均匀的，集中在月球正面的北半球；太平洋也偏隅于地球一方，这反映了早期撞击作用的随机性。

★ 位于太平洋珊瑚海西部的大堡礁景观

2.月海具有圆形的外廓，并比月陆平均低2～3千米；太平洋也大致呈圆形，比大陆平均低3.4千米。

3.地球的大陆由年代较老、密度较小的硅铝质岩石构成，而海洋则由年代较轻、密度较大的玄武质岩石组成，月球也是这样，月海也由年龄较小的玄武岩组成。

4.地球上的地壳厚度较大，介于30～50千米，洋壳较薄，一般为5.15千米；月球也有类似的情况，月陆壳一般厚40～60千米，月海壳则一般小于20千米。

5.重力测量证明，月海具有明显的正异常；太平洋的情况比较复杂，但比周围大陆具有较高的重力值。

6.月海周围有山链环绕，而太平洋周围也有山链。

7.在太平洋底发现有边缘和中央海岭，而在一些较大的月海中也同样可见有堤形的隆起，分布于月海中央和边缘。

8.太平洋东部具有以岛弧、边缘海组成的，从洋壳过渡为陆壳的过渡区，在一些月海边缘也可见有所谓“类月海”的过渡区。

当然，与月海相比，太平洋也有一些月海所没有的其他特征。如构造

相关链接

太平洋一词最早出现于16世纪20年代。1519年9月20日，葡萄牙航海家麦哲伦率领探险队从西班牙的塞维尔起航，西渡大西洋，他们要找到一条通往印度和中国的新航路。然而这一路很是曲折，先是船队内发生了内讧，而后又顶着惊涛骇浪，吃尽了苦头，到达了南美洲的南端，进入了一个到处是狂风巨浪和险礁暗滩的海峡。又经过3个多月的艰苦航行，船队从南美越过关岛，来到菲律宾群岛。这段航程再也没有遇到一次风浪，海面十分平静。船员高兴地说："这真是一个太平洋啊！"从此，人们把美洲、亚洲、大洋洲之间的这片大洋称为"太平洋"。

岩浆活动，反映海底扩张的海底磁性条带，还有在太平洋周围的山链上可见明显的多旋迴褶皱构造和花岗岩浆活动，而月球上没有。

诸如此类的差别，专家以为乃系地球具有比月球大得多的质量和体积的缘故。综上所述，今天的科学家们一般倾向于认为，太平洋是在地球早期形成的巨大撞击盆地。但在漫长的地史时期中，它经历了多次的改造。

知识外延

前阿尔卑斯期："阿尔卑斯构造阶段"的通称。泛指在中生代和新生代发生构造变形、沉积作用、岩浆活动、变质作用等的一个地质历史时期。阿尔卑斯期的早期，以中生代为主，在中国称"燕山期"；发生在新生代的是狭义的阿尔卑斯期，在亚洲称"喜马拉雅期"。

★ 太平洋上巨浪翻滚

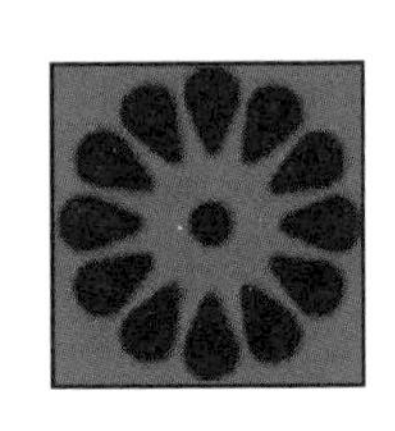

史前全球性海浸事件

小/档/案

发生时间：公元前8000年到14000年之间（史前文明期）

发生地点：北半球

在许多上古神话传说和早期宗教传说中都有这样的记载：地球的北半球忽然被来历不明的洪水所包围，千米高的洪峰吞没了平原陆地和万物生灵，大地上的一切都被淹没……传说中的时间、地点、人物、内容都有着惊人的相似之处！难道这仅仅是巧合？有人说这不是传说，而是事实。真的有大洪水灭世，现代文明都是劫后重生的？

《圣经》中说道：“在2月17日，天窗打开了，巨大的渊薮全部被冲溃。大雨伴着风暴持续了40个白天和40个黑夜。”

公元前3500年的苏美尔资料中写道：“那种情形恐怖得让人难以接受，风在空中可怕地呼叫着，大家都在拼命逃跑，向山上逃去什么都不顾了。每个人都以为战争开始了……”

在《波波卡·吴夫》中是这样记载的：“大洪水来了，天地变得一片漆黑，还有黑色的雨，不停地下。人们拼命地跑……但还是被灭绝了。”

世界上现存史料中对大洪水记载最完整的是古巴比伦的《季尔加米士史诗》，在他的记载里，洪水伴随着

★ 风暴来临前，海上阴云密布

风暴，几乎在一夜之间淹没了大陆上所有的高山，只有居住在山上和逃到山上的人才得以生存。

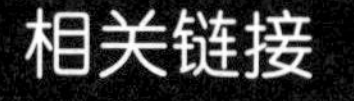

在巴比伦有这样的预言："当各大行星会聚在天蟹座的时候，排列成一条贯穿它们轨道的直线时，地球上的一切人类将被毁掉；而同样的聚会发生在魔羯座的时候，地球上将再次发生海侵似的灾难，前者将在盛夏，而后者将在严冬。"

古老的中国也有这次大洪水的记载，《山海经·海内篇》记载："洪水滔天""鲧窃息壤以湮洪水"；《孟子·滕文公》记载："当尧之时，天下犹未平。洪水横流，泛滥于天下。""水逆行，泛滥于中国"；《淮南子·览冥训》曰："望古之际，四极废，九州裂，天不兼覆，地不周载，火炎炎而不灭，水泱泱而不息。"

许多无法用过去的知识和技术去解释的一些古老的文明，还有许多神秘的传说，它们的寓意至今难以破解。因此，有学者认为大洪水确实发生过，并造成了一个文明断层，使得人类的文明倒退回原始水平。

但是这些都只是猜测，人类虽然发现了不少疑似不是古代人类可以制造的文明，但是也没有证据证明这些就是史前文明的遗留物，也不能证明这不是我们的祖先制造的。史前文明是否因洪水灭绝不好猜测，不过洪水灭绝人类

★ 泡沫飞溅的海水

也不太可能，传说中的洪水过后，都有人活了下来，继续繁衍生息。

经过研究分析，也许我们现在可以得出这样的一个结论：大洪水确实发生过，大致的时间是公元前8000年到14000年之间，是由于一种巨大的能量的突然作用，导致了这次“史前大洪水”，也就是“史前全球性海浸事件”。而连绵数月的雨水，只不过是伴随洪水的天气现象，只是在这场几乎毁灭了人类的大洪水中起了推波助澜的作用。可是又是什么造成了这次几乎毁灭人类的全球性“海浸事件”？如此巨大的能量，应该不是我们的星球所能孕育的。

知识外延

海侵又称海进，指的是在相对短的地史时期内，因海面上升或陆地下降，造成海水对大陆区侵进的地质现象。通常，海侵是海水逐渐向时代较老的陆地风化剥蚀面上推进的过程。一个海侵面就是一个不整合面，也是一个典型的穿时面。海侵的结果，常形成地层的海侵序列：其沉积物自下而上，由粗变细或由碎屑岩变为碳酸盐岩；沉积时的海水由浅变深；陆相沉积逐渐演变成海陆交互相沉积，继而演变成海相沉积。

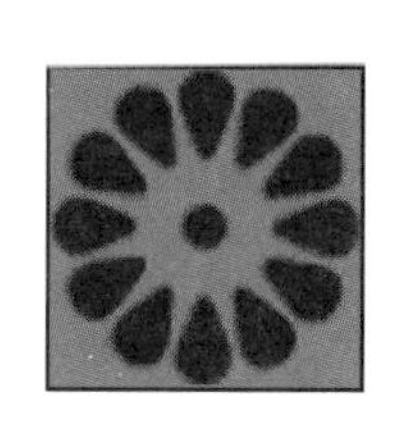

大西洋“吃掉”太平洋

小档案

发生时间：据说将发生在1亿～2亿年以后

发生地点：大西洋、太平洋

根据板块构造学说，现在的大陆和大洋格局是大陆板块运动的结果。而且，大陆板块、大洋板块还在继续运动。许多人开始预测几亿年以后的大陆格局，有人说世界第二大洋——大西洋最终会变成地球上最大的海洋，而与它临近的太平洋将会消失，这有可能吗？太平洋是世界上最大的海洋，占全球总面积的32%，占海洋总面积的46%，它比世界陆地的总面积还要大。太平洋的面积约有1.8亿平方千米，容积为7.237亿立方千米。如果说太平洋最后将会消失，也许有不少人不相信。

科学家们已经测出，太平洋是世界大洋中最古老的海洋。5亿年前，地球就是由以太平洋为中心的一片古海洋和以非洲、南美、澳大利亚、印

★ 神秘的海洋

相关链接

美国芝加哥大学的一位地质学家利用电脑，对地球上各片大陆将来的漂移情况进行了模拟推算，得出的结论是：太平洋目前的收缩只是暂时的，随着地质历史的演进、各大陆板块的漂移方向和互相作用的结果，将来太平洋有可能还会扩张。电脑显示，在1.5亿年之后，大西洋不仅不能长成更大的海洋，反而会被太平洋挤成一个“小西洋”，甚至有可能从地球上消失。

度洋和南大西洋合成的一块古大陆组成的，今天欧亚大陆的大部分在当时全部被海洋所覆盖。此后，太平洋逐渐收缩，伴随的是大西洋的不断扩张。大西洋是距今2.25亿年前才开始形成的，同时，太平洋面积不断缩小，形成了今天的局面。专家测出北美大陆和欧亚大陆正在缓慢地移动着，而目前这些大陆板块正以每年1.9厘米左右的速度相背漂移，而南大西洋洋底自6500万年以来，一直以平均每年 4 厘米的速度向两侧分离开来，也就是说，大西洋仍在逐年变宽。而大西洋的另一边是太平洋，自然，它开始变窄了。

除了大西洋以外，澳大利亚大陆在向北移动，印度洋海盆也在扩大，可以说，正是由于这些大陆板块的扩张，太平洋海盆正在以每年 9 厘米的速度消失。也因此太平洋海盆的边缘地带成为著名的“太平洋火环”，这里有比世界其他地区更多的火山和地震。这也不难理解为什么许多早期学者都说：月球是从太平洋海盆中分裂出去的，因此给地球表面留下了一个巨大的凹地——太平洋。

地质学家们认为，既然大西洋

★ 大西洋群岛

的面积不断增大，太平洋将来很有可能会从地球上消失。不过，这将发生在1亿～2亿年以后了。那时，美洲西岸会与亚洲东岸相对接，然后两个板块发生碰撞，在新板块的结合处将抬升起一条也许比喜马拉雅更加雄伟的山脉。

其实这并不是无稽之谈，曾经作为地球上最大的海洋古地中海（特提斯海），就是由于印度、阿拉伯、非洲与欧亚大陆的汇合才消失的，这些大陆板块汇合碰撞之后，在它们之间升起了阿尔卑斯—喜马拉雅诸山脉。因此，我们不能否定如果大西洋不停止扩张的话，大约1亿～2亿年后，太平洋就要从地球上消失的推测是正确的。

可是，大西洋真能把太平洋挤

★ 珠穆朗玛峰是喜马拉雅山脉主峰

掉吗？也有一些科学家表示异议。地质学家们发现，在今天的大西洋诞生之前，地球上曾有过一个古大西洋，它大约存在于距今5亿年前的早古生代。当时这个古大西洋的宽度达数千千米，可能比今天的大西洋还要宽。可是，到了距今2.7亿年前的二叠纪时，这个古大西洋就消失了。

当然，在探索和研究地球上陆地海洋的变迁过程中，科学家们对大陆板块的漂移方式，造成板块漂移的动力、方向及速度等，都存在不同的甚至相反的看法，这就不可避免地使太平洋和大西洋的未来变迁变得更加神秘莫测了。

知识外延

二叠纪是古生代的最后一个纪，也是重要的成煤期。二叠纪开始于距今约2.95亿年，延至2.5亿年，共经历了4500万年。二叠纪的地壳运动比较活跃，古板块间的相对运动加剧，世界范围内的许多地槽封闭并陆续地形成褶皱山系，古板块间逐渐拼接形成联合古大陆。陆地面积的进一步扩大，海洋范围的缩小，自然地理环境的变化，促进了生物界的重要演化，预示着生物发展史上一个新时期的到来。

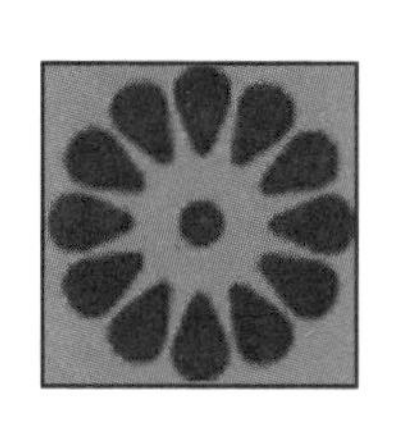

不断扩张的红海

小/档/案

发现时间：1978年

发现地点：非洲东北部与阿拉伯半岛之间

红海位于非洲东北部与阿拉伯半岛之间，形状狭长，从西北到东南长1900多千米，最大宽度为306千米，面积45万平方千米。是连接地中海与阿拉伯的重要通道。近年来这条运输通道却一直在不断扩张，这引起了许多科学家极大的研究兴趣。红海扩张之谜的考察给我们带来了更多的关于海洋新的研究课题，进一步发现、了解了海洋不为人知的秘密。

红海清澈碧蓝的海水下面，生长着五颜六色的珊瑚和稀有的海洋生物。远处层林尽染，连绵的山峦与海岸遥相呼应，它们之间是适宜露营的宽阔平原，这些鬼斧神工的自然景观和冬夏宜人的气候让人陶醉。但是，红海近些年来一直在不断扩张。

★ 红珊瑚

★ 美丽壮观的海底山脉

1978年11月14日，北美的阿尔杜卡巴火山突然喷发，浓烟滚滚，溢出了大量熔岩。一个星期以后，人们经过测量发现，遥遥相对的阿拉伯半岛与非洲大陆之间的距离增加了1米，也就是说红海在7天中又扩大了1米。

红海是个奇特的海。它不仅在缓慢地扩张着，而且有几处水温特别高，达50多摄氏度；红海海底又蕴藏着特别丰富的高品位金属矿床。那么红海为何会扩张？有的地方温度为什么会这么高？这些问题构成了红海之谜。

海洋地质学家研究后认为红海海底有着一系列“热洞”。在对全世界海洋洋底经过详细测量之后，科学家发现大洋洋底像陆上一样有高山深谷，起伏不平。从大洋洋底地形图上，我们可以看到有一条长75000多千米，宽960多千米的巨大山系纵贯全球大洋，科学家把这条海底山系称作“大洋中脊”。狭长的红海正被大洋中脊穿过。沿着大洋中脊的顶部，还分布着一条纵向的断裂带，裂谷宽约13～48千米，窄的也有900～1200米。科学家通过水文测量还发现，在裂谷中部附近的海水温度特别高，好像底下有座锅炉在不断地燃烧，人们形象地称它为“热洞”。科学家认为，正是热洞中不断涌出的地幔物质加热了海水，生成了矿藏，推挤着洋底不断向两边扩张。

还有的科学家们研究认为，在距今约4000万年前，地球上根本没有红海，后来在今天非洲和阿拉伯两个大陆隆起部分轴部的岩石基底发生了地壳张裂。当时有一部分海水乘机进入，使裂缝处成为一个封闭的浅海。在大陆裂谷形成的同时，海底发生扩张，熔岩上涌到地表，不断产生新的海洋地壳，古老的大陆岩石基底则被逐渐推向两侧。后来，由于强烈的蒸

相关链接

红海长约2000千米，最宽处306千米，面积45万平方千米。它像一条长长的蜗牛，从西北到东南，横倒在亚洲的阿拉伯半岛和非洲大陆之间。北端是苏伊士湾和亚喀巴湾，中间夹着西奈半岛；苏伊士湾通过苏伊士运河与地中海相通，南端经曼德海峡同亚丁湾和阿拉伯海相连。千百年来，红海是一条活跃的商业通道；1869年苏伊士运河通航后，这里更成了大西洋、地中海与印度洋之间的交通要道。

★ 由卫星拍摄的红海海域

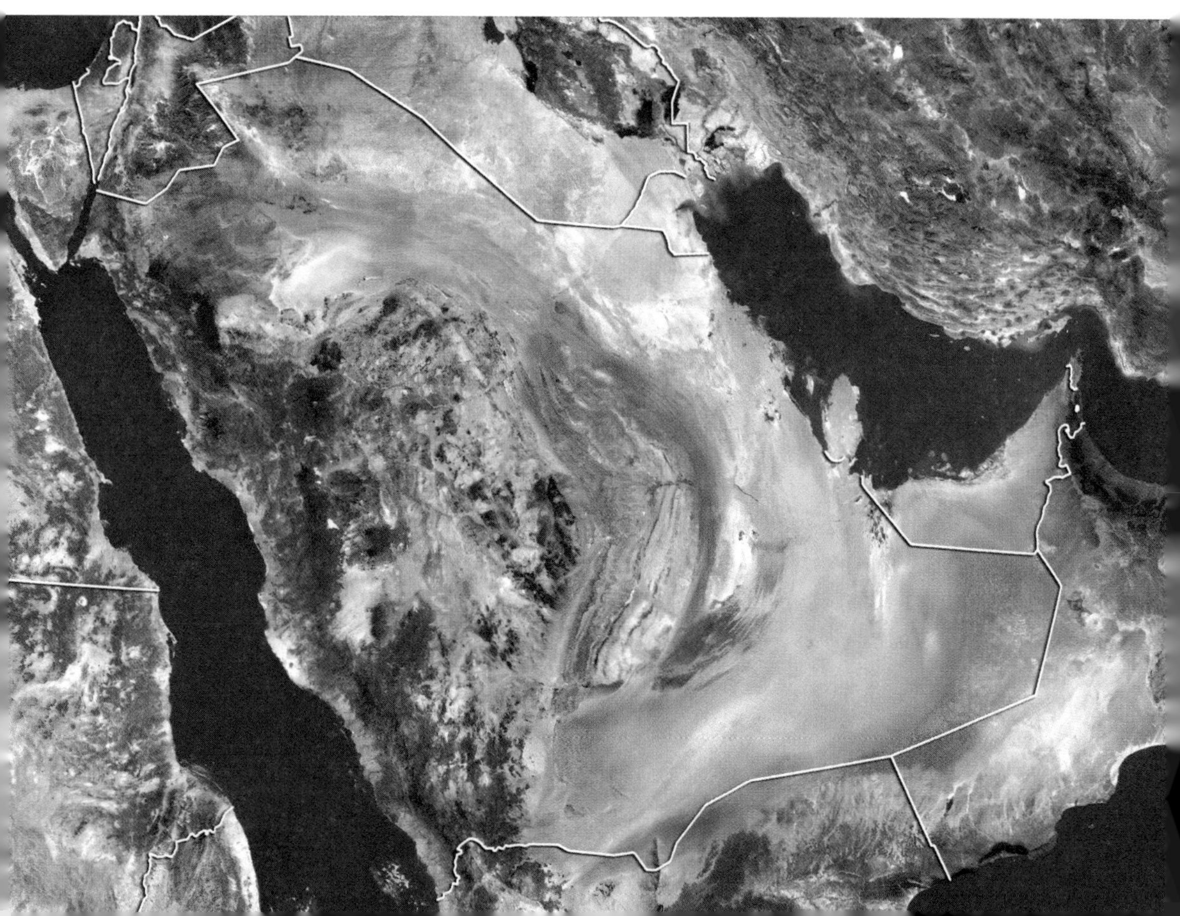

★ 红海海滩，呈蓝绿色的海水

发作用，这里的海水慢慢地干涸了，巨厚的蒸发岩被沉积下来，形成了现在红海的主海槽。

经过考察，科学家把海底扩张形象地比作两端拉长的一块软糖，那个被越拉越薄的地方，成了中间低洼区，最后破裂，而岩浆就从这里喷出，并把海底向两边推开。海底就这样慢慢地扩张着。根据美国“双子星”号宇宙飞船测量，我们已经知道了红海的扩张速度是每年2厘米。

今天的红海可能是一个正处于萌芽时期的海洋，一个正在积极扩张的海洋。1978年，在红海阿发尔地区发生的一次火山爆发，使红海南端在短时间内加宽了100厘米，就是一个很好的例证。如果按目前平均每年2厘米的速度扩张的话，再过几亿年，红海就可能发展成为像今天大西洋一样浩瀚的大洋。

知识外延

红海之所以称之为红海，海内的红藻，会发生季节性的大量繁殖，使整个海水变成红褐色，有时连天空、海岸，都映得红艳艳的，给人们的印象太深刻了，因而叫它红海。实际上，在通常情况下，海水是蓝绿色的。

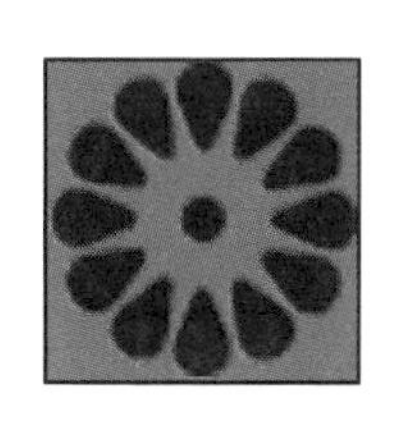

不断上升的海平面

发现时间：1870～1970年
发现地点：澳大利亚东南岸

海平面上升是近几年来国际关注的事情之一。因为海平面上升不仅会淹没沿海土地，而且使得诸如海啸等海洋灾害次数将比现在多几倍。所以人们都密切关注着海洋的变化，害怕下一秒自己的家园就被它无情地吞没了。然而，不少人说海平面并没有上升，反而下降了，这种观点从何而来呢？

有科学家对澳大利亚东南岸的45千米沙滩进行考察，发现在1870~1970年，这里的海岸线后退了150米，平均每年后退1.5米。而现在人们普遍关注的问题是，由于全球气候变暖，导致海平面上升，这可能会让许多城市和地区在若干年后被海水淹没。

在气候变化的同时，海洋表面出现升降是正常的自然现象。然而，现在的海平面发生如此大的变化，还有人为原因。

目前世界上许多科学家把海平面的迅速上升归结于人类过多燃烧煤和石油，致使大气中的二氧化碳剧增，进而产生“温室效应”造成的。按照这种理论，如果二氧化碳再成倍增长，那么南极西部的冰川很可能就会融化。其结果将使全世界的海面上升5米，进而导致世界上的沿海地区遭受灭顶之灾。然而，有些学者认为，虽然“温室效应”是存在的，但近年

★ 正在融化的南极冰川

★ 传说中神秘的亚特兰蒂斯遗址就在此海底

来在中高纬度地区的冰川不仅没有缩小，反而增大了，个别地方甚至产生了新的冰川。这说明，在中高纬度地区，二氧化碳的增多并未改变气候的自然趋向。因此，南极冰川融化导致海面上升的说法，可能并不准确。

还有学者指出，水体温度上升促使海水蒸发，一部分水由水体进入大气层，将导致海平面下降。另一方面，由于大量的水汽和尘埃的存在会使大气中的云量增多，进而全球性的降水就会增多。这样，冰川上的雨水补充增加了，水大量地积聚于两极的冰川，这也可能导致海平面下降。此外，还应当看到全球大中型水库等水利工程的作用，也可能会导致全球性的降温以及海面下降。

海平面上升对岛屿国家和沿海低洼地区带来的灾害是显而易见的，突出的是：淹没土地，侵蚀海岸。全世界岛屿国家有40多个，大多分布在太平洋和加勒比海地区，地理面积总和约为77万平方公里，人口总和约为4300万。依据《联合国海洋法公约》有关规定，这些岛国将负责管理占地球表面1/5的海洋环境，其重要战略地

位是不言而喻的。尽管这些岛国人均国民总收入普遍较高，但极易遭受海洋灾害毁灭性的打击，特别是全球气候变暖海平面上升的威胁最为严重，很多岛国的国土仅在海平面上几米，有的甚至在海平面以下，靠海堤围护国土，海平面上升将使这些国家面临被淹没的危险。

沿海区域是各国经济社会发展最迅速的地区，也是世界人口最集中的地区，约占全世界60%以上的人口生活在这里。各洲的海岸线约有35万公里，其中近万公里为城镇海岸线，海平面上升这些地区将是首当其冲的重灾区。据有关研究结果表明，当海平面上升1米以上，一些世界级大城市，如纽约、伦敦、威尼斯、曼谷、悉尼、上海等将面临浸没的灾难；而一些人口集中的河口三角洲地区更是最大的受害者，特别是印度和孟加拉间的恒河三角洲、越南和柬埔寨间的湄公河三角洲，以及我国的长江三角洲、珠江三角洲和黄河三角洲等。据

★ 海底平原

★ 海洋生物

估算当海平面上升1米时，我国沿海将有12万平方公里土地被淹，7千万人口需要内迁；孟加拉国将失去现有土地的12%，占全国人口总量1/10的孟加拉人将出走；占世界海岸线15%的印度尼西亚，将有40%的国土受灾；而工业比较集中的北美和欧洲一些沿海城市也难幸免。

海平面上升，加强了海洋动力作用，使海岸侵蚀加剧，特别是砂质海岸受害更大。据统计，我国沿海已有70%的砂质海岸被侵蚀后退。海岸侵蚀给沿海沙滩休闲场所带来的危害日益突出，在一寸沙滩一寸金的黄金海岸，如海平面上升1米，失去的沙滩如用移沙造滩的方法恢复，则每米长的海滩需用沙5000立方米。

海平面上升造成的恶果还有海水入侵、水质恶化、地下水位上升、生态环境和资源遭到破坏。海平面上升直接影响沿海平原的陆地径流和地下水的水质，海水将循河流侵入内陆，

相关链接

最近研究表明，气温上升将会导致台风强度的增加，一些沿海地区的风暴潮灾也将频发，海平面升高无疑会抬升风暴潮位，原有的海堤和挡潮闸等防潮工程面临功能减弱，从而易使受灾面积扩大，灾情加重；由于潮位的抬升，本来不易受袭击的地区，有可能受到波及。1994年绿色和平组织统计，在过去的5年中因气候异常、海平面上升造成的飓风、洪水、漫滩等灾害造成全球损失达10亿美元。

使河口段水质变咸，影响城市供水和工农业用水，同时造成现有的排水系统和灌溉系统的不畅和报废。据日本建设省的一份报告透露，日本全国有一级河流109条，随着海平面上升，靠近河口段的水面也将上升，需要重新估价水位的地段长达近千公里；荷兰国家公共工程部门估算，为适应盐水入侵，全国需重新改建的供水排水系统的造价需几十亿美元。海水入侵也严重影响到地下水的水质，依靠地下水供水的沿海城市面临新的困难。此外，沿海大城市的一些大建筑物的地基也要受到地下水位抬升的危害，地震频发地区的城市建筑物更为突出。

海平面上升对某些海洋生物种群也造成威胁，有些生物种群有定期溯河洄游的习性，尽管鱼类可以适应海平面上升而向更远的上游洄游，但是城市的大量排污受海水顶托，常会阻碍鱼类的正常洄游，影响种群正常生长。海平面上升将导致沿岸红树林、珊瑚礁的破坏。

海洋自然灾害频发，台风、暴雨、风暴潮强度加剧是海平面上升的另一个灾害。海平面上升是气候变暖产生的结果。气温上升显示空气中水汽含量的增加，这会促使降水强度增大，同时降落到地面的降水因气温增高蒸发加速，促进了水的循环，极易形成灾害性的暴雨。

尽管不同研究人员的结果可能不同，近百年来海平面上升却是不容置疑的事实。自上世纪末以来，海平面上升约10厘米或稍多。据预测，到下个世纪末，海平面将比现在上升50厘米甚至更多。海平面上升将给人类带来惊人的严重影响。

联合国海洋法公约指联合国曾召开的三次海洋法会议，以及1982年第三次会议所决议的海洋法公约（LOS）。此公约对内水、领海、临接海域、大陆架、专属经济区（亦称“排他性经济海域”，简称：EEZ）、公海等重要概念做了界定。对当前全球各处的领海主权争端、海上天然资源管理、污染处理等具有重要的指导和裁决作用。

世界各处都存在很多诡异的神秘现象，有些已经被科学证实了，然而更多的是科学也无法给出确定的解释，尤其是海洋中的一些神奇现象。“黑烟”“烟云”“雪花”“蜃楼”等现象出现在海洋中，着实让人费解，看似合情合理的科学分析，却总是让人感到意犹未尽。这些神秘现象的背后到底隐藏着什么样的秘密呢?

第二章

神奇诡异的海洋现象

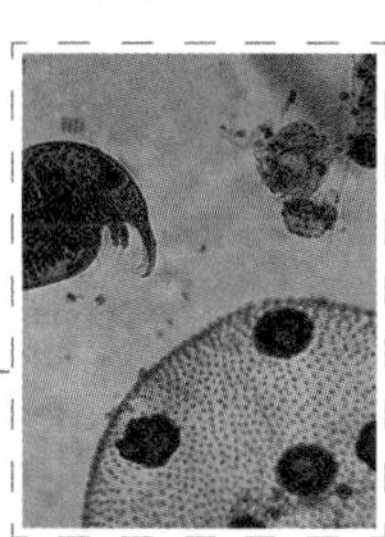

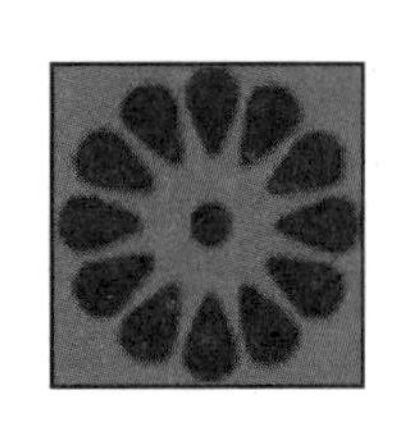

海洋喷出的“黑烟”

小/档/案

发现时间：1979年

发现地点：加利福尼亚湾的外太平洋海底

在海洋底下，人们发现许多“烟囱”，这些“烟囱”喷出的烟冲天而上，黑如墨汁。在“烟囱”喷出的物质堆积成的小山中，科学家发现了这些小山竟形成了特殊的生存环境，因此，地球的最早生命有可能起源于这些“烟囱”。

1979年，一批美国科学家正在考察加利福尼亚湾的外太平洋海底，当他们下潜到2500米接近海底时，看到一幅让人难以相信的景象：在深几千米的海底中，竟烟囱林立，蒸汽腾腾，烟雾缭绕，喷出的烟黑如墨汁。经过探测，这里的温度高达近千摄氏度。仔细观察后，他们发现“浓烟”原来是一种金属热液“喷泉”，当它遇到寒冷的海水时，便立刻凝结出铜、铁、锌等硫化物，并沉淀在“烟囱”的周围，堆成小丘。他们还注意到，在这些温度很高的喷口周围，竟形成了一种特殊的生存环境，这里就像是沙漠中的绿洲，生活着许多贝类、蠕虫类和其他动物群落。

他们的发现引起了科学界的浓厚兴趣，大部分人认同海底热泉是地壳活动在海底反映出来的现象。分布在地壳张裂或薄弱的地方，如大洋中脊的裂谷、海底断裂带和海底火山附近。由于新生的大洋地壳温度较高，海水沿裂隙下渗，在地壳深部加热升温，溶解了周围岩石中多种金属元素后，又沿着裂隙对流上升并喷发在海底。由于矿液与海水成分及温度的差异，形成浓密的黑烟，冷却后在海底

★ 正在冒气泡的海底火山

及其浅部通道内沉淀形成由磁黄铁矿、黄铁矿、闪锌矿和铜—铁硫化物组成的硫化物颗粒。这些海底硫化物堆积形成直立的柱状圆丘，称为“黑烟囱”。

在广阔的大西洋、印度洋和太平洋都存在大洋中脊，它高出洋底约3000米，是地壳下岩浆不断喷涌出来形成的。大洋中脊里都有大裂谷，岩浆从这里喷出来，并形成新洋壳。两块大洋地壳从洋脊张裂并向相反方向缓慢移动。在大洋中脊里的大裂谷往往有很多热泉，热泉的水温在300摄氏度左右。大西洋的大洋中脊裂谷底，其热泉水温度最高可达400摄氏度。在海底断裂带也有热泉，有火山活动的海洋底部，也往往有热泉分布。除此之外，在大陆边缘，受洋壳板块俯冲挤压形成山脉的同时，往往有火山喷发，在它的附近海底也会有热泉分布。

相关链接

海底热泉是一个非常奇异的现象：蒸汽腾腾，烟雾缭绕，烟囱林立，好象重工业基地一样。而且在“烟囱林”中有大量生物围绕着烟囱生存。烟囱里冒出的烟的颜色大不相同。有的烟呈黑色，有的烟是白色的，有的烟是黄色，还有清淡如暮霭的轻烟。

★ 海洋中能发光的生物

美国密歇根大学的奥温认为，这种海底“喷泉”可能与地球气候的变化有着密切的联系。奥温在研究了从东太平洋海底获取的沉积物和岩样以后，发现在2000万～5000万年前的沉积物中，铁的含量为现在的五至十倍，钙的含量则为现在的三倍。为什么沉积物中钙、铁等的含量这样高？奥温认为这可能与海底喷泉活动的增强有关。据此，奥温又进一步猜测，当海底喷泉活动增强时，所喷出的物质与海水中的硫酸氢钙发生反应，析出二氧化碳。已知现在的海底喷泉提供给大气的二氧化碳，占大气中二氧化碳自然来源的14%～22%。因此，

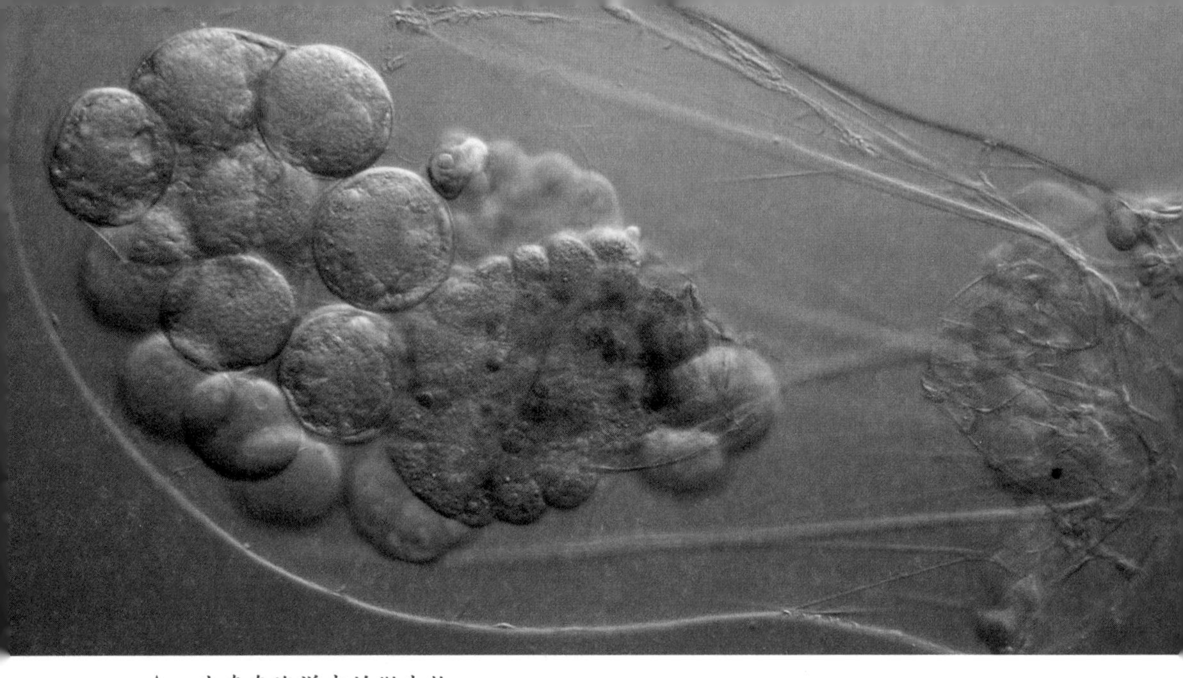

★ 生存在海洋中的微生物

当钙的析出量为现在的三倍时，大气中二氧化碳的含量必将大大增加。估计大约相当于现在的一倍左右。众所周知，二氧化碳含量的增加，将会产生明显的温室效应，从而使全球的气温普遍升高，以至极地也出现温暖的气候。

目前科学家在北冰洋发现喷涌400℃的热温泉，状似海底黑烟囱（即海底热喷泉），并称发现新的奇特而有弹性的微生物生命形态住在那些动物集群中，它们利用地球内部黄金与其他矿物微粒维系生命。据研究，在黑烟囱喷出的热液里富含硫化氢，这样的环境会吸引大量的细菌聚集，并能够使硫化氢与氧作用，产生能量及有机物质，形成“化学自营”现象。这类细菌会吸引一些滤食生物，或者是形成能与细菌共生的无脊椎动物共生体，以氧化硫化氢为营生来源，一个以“化学自营细菌”为初级生产者的生态系统便形成了。从而维系了海底喷泉生命的延续和循环。

因此有科学家称地球生命有可能起源于海底热泉，这些不用太阳光就能生存的生物可能是地球最早生命的形态。

知识外延

温室效应又称“花房效应”，是大气保温效应的俗称。大气能使太阳短波辐射到达地面，但地表向外放出的长波热辐射线却被大气吸收，这样就使地表与低层大气温度增高，因其作用类似于栽培农作物的温室，所以称温室效应。但是自工业革命以来，人类向大气中排入的二氧化碳等吸热性强的温室气体逐年增加，大气的温室效应也随之增强，已引起全球气候变暖等一系列严重问题，引起了全世界各国的关注。

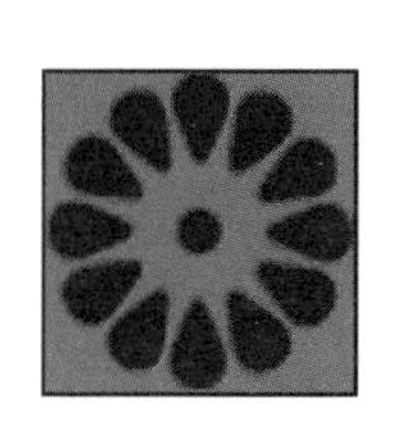

海上升起的“烟云”

小/档/案

发现时间：1984年4月9日
发生地点：太平洋上空

太平洋上空突然出现的烟云，上升的高度足有18千米，扩散以后的直径达320千米。1984年4月9日，一架日本航空飞机从东京飞往美国阿拉斯加州。但在离日本海岸270千米处的洋面上空，飞机突然遇到了一团像原子弹爆炸般的蘑菇状烟云。飞机上的人从没有看到过这种奇怪的现象，幸好飞机迅速避开它才没有发生事故。同时也有两架客机上的乘务人员目睹了这一团奇怪的烟云。

对这一团巨大的烟云，有人说是由于海中的核潜艇发生核爆炸所致，但是从现场收集到的尘埃来看，没有发现任何放射性物质。

有三名研究人员提出另一种看

★ 日本火山爆发，空中浓烟滚滚

相关链接

海底火山，是大洋底部形成的火山。海底火山的分布相当广泛，海底火山喷发的熔岩表层在海底就被海水急速冷却，有如挤牙膏状，但内部仍是高热状态。绝大部分海底火山位于构造板块运动的附近区域。尽管多数海底火山位于深海，但是也有一些位于浅水区域，在喷发时会向空中喷出烟云状的物质。

法。他们认为，形成烟云的唯一可能的自然原因是海底火山的爆发。从中太平洋威克岛的水下地震检波器的检测记录来看，在威克岛西部确实发生过海底地震，地震始发时间为1984年3月，到4月8日和9日两天达到高峰期。这个时间与烟云发生的日期是吻合的。确切的震中位置在哪里呢？根据分析，最有可能的是开托古海底火山，它位于北纬26度、东经140.8度。如果震中确实是在这里，并发生海底火山爆发和喷出烟雾，那为什么那团巨大烟云竟会出现在北纬38.5度、东经146度处呢？这两地相距大约有1500千米！

他们解释说，火山烟雾在成为蘑菇状烟云前，首先形成球形烟团。人们开始看到烟团是在四千米的高空，从该海域当天的风向来看，球形烟团有可能被盛行的南风往北吹送，速度约为每小时147千米。这样，十小时后，就可到达将近1500千米以外的远处了。烟团不会扩散，一直朝着正北的方向急速移动，然后突然炸开，向高空升腾弥漫，并在两分钟内达到18千米的高度。

但对此解释人们大多是否定的。因为就目前所知，如此迅速猛烈的升腾运动，其动力不是靠人为的某种烈性爆炸，就是靠火山喷发，而且只能是在爆炸或喷发地点出现。说是开托古海底火山爆发，

★ 夏威夷火山爆发，熔岩流入海洋

能够在远离它1500千米的地方出现爆炸和蘑菇云，这显然是不可能的。海底火山地震的强度一般来说是比较小的，波及面也不大。那么，在雾团爆炸的地方，到底有没有海底火山喷发呢？据水下地震仪检测那里没有火山运动发生。

一些地球物理学家认为，太平洋上空这股烟云的产生，可能是人工大气层爆炸的结果。还有人说是一种未知的自然现象所致。然而它究竟从何而来，目前谁也没有给出令人信服的答案。

知识外延

蘑菇云又名蕈状云，指的是由于爆炸而产生的强大的爆炸云，性状类似于蘑菇，上头大，下面小，由此而得名。云里面可能有浓烟、火焰和杂物，现代一般特指原子弹或者氢弹等核武器爆炸后形成的云。火山爆发或天体撞击也可能生成天然蘑菇云。

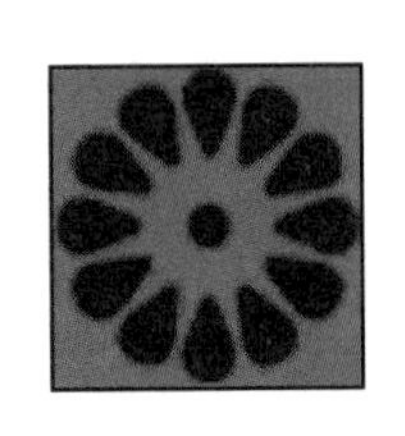

海底纷飞的“雪花”

小/档/案

发现时间：1974年
发生地点：北冰洋海底

最早发现“海雪”的是美国的一位生物学家，他发现“海雪”是由浮游生物组成的絮状物，便称之为“浮游生物雪”。深海潜水器的发明使人们能够潜入深海进行观察，“海雪”也因此被人们发现。

1974年，原苏联的一艘轻型潜艇去北冰洋探测深海水文特征。潜艇很快钻入了被坚冰覆盖的北冰洋，下降到一团漆黑的深海。艇长命令打开强烈的探照灯光照射，这时舷窗外出现了一幅奇妙的“雪”景：无数“雪花”纷纷扬扬地下个不停，甚至还能见到成串成串的雪片在海水中飞舞。此情此景与北冰洋冰面上空下的雪没有什么两样。在飞舞飘扬的“雪花”中，不时飘来一些形态怪异的海蜇，有葵花状的，有皇冠状的……它们在雪花中摇晃而过。有时也会游来成群的鱼儿。对着“雪花”追逐嬉游一阵，然后消失在“大雪”之中。这些深海生物的交替出现，使奇妙的“雪”景更加绚丽多彩。那为什么能见到这样的“雪”景奇观呢?

其实，“海雪”看起来很像降雪，但它与陆地上的降雪是两种迥然不同的东西。这种奇异的深海现象是由生活在表层海水中的原生生物和细菌引起的。在光合细胞的代谢过程中，代谢生成的营养物质——黏多糖常常会泄漏到外界。这种化合物拥有

★ 寒冷的北冰洋

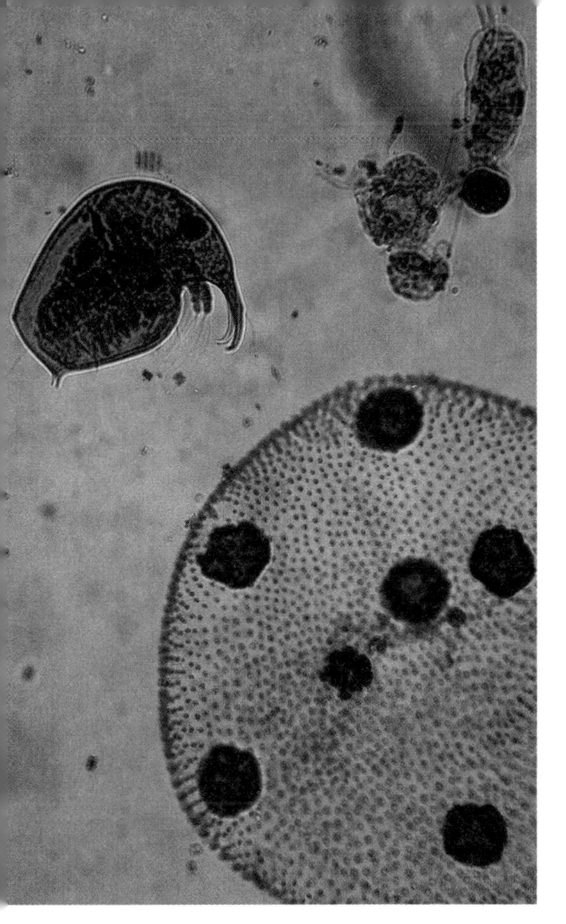

★ 形成海雪的浮游生物

海雪现象并不难理解，道理很简单。比如在一间比较暗的房子里，我们看不到那些飘散在空气中的细小灰尘，而当明亮的光线射入房间时，我们便可以看到太阳光束中飘动着闪闪发亮的尘粒，光学上把这种现象称为“丁达尔效应”。同样，在黑暗的深海里，海水中的悬浮物在探照灯光的照射下，也会显现出闪烁着的白色悬浮物；又由于光的折射作用，在水中的物体看起来比实际的要大，这样，悬浮物就像雪花了；再加上悬浮物与海水比重差不多，能在海水中随流漂荡，这样展现在人们面前的就是“雪花”飞舞的“海雪”奇观了。

一项最新研究称，随着近几十年海洋温度不断上升，海洋内越来越

与蜘蛛丝类似的形态，呈线形且高黏度。漂浮在水中，丝状的黏多糖会粘连上许许多多的小微粒，如悬浮的球状排泄物、死亡的动植物身体组织、生物碎屑等，都是制造“海雪”的原料。这些颗粒相互碰撞结合，像滚雪球一样越滚越大，形成大型絮状悬浮物，从海底的角度观察，其景象就好像大片的雪花从天空中飘落，这就是所谓的“海雪”， 大量的黏多糖沉降可以在海底形成暴风雪般的景象。从海水中取出这些东西，它们既不像雪花那样洁白晶莹，也不像雪花那样美丽多姿，但它们能在水中化学作用下，创造出绝妙的“海雪”奇观。

相关链接

通常认为，深海生物的食物来源于表层降落下来的生物碎屑及其他颗粒物质，并想象这些颗粒状物质会如同降雨一般地从上面降落下来。其实，通过在潜水器里对深海的观察，人们见到的只是大型悬浮物——“海雪”，而不是颗粒状的“雨”。由于“海雪”是由生物碎屑、粪便或其他有机物组成，含有大量的碳、氮、磷等生物营养成分，当“海雪”落到海底，这些由有机物组成的“雪花”为居住在海底的生命提供了丰富的食物。

★ 一切生命物质都从海洋开始

频繁地形成大团大团的像黏液状的物质，而且出现这种物质的区域更广，持续时间更长。从北海到澳大利亚，这种物质可能遍及所有海洋，在长达200公里的海域，这种黏液物质在夏季自然形成，经常出现在地中海沿岸。夏季的温暖天气使海水更加平静，这种情况导致有机物更易结合在一起，形成泡状物。由于气温更高，黏液物质甚至在冬季也会形成，而且会持续好几个月。

除了温暖气候以外，还不清楚导致这种黏液团形成的其他原因。谁也不清楚这些黏液团里死亡的海洋物质为什么不会腐烂。

知识外延

丁达尔效应：丁达尔是19世纪著名的爱尔兰物理学家。使他最初出名的是对溶液中束的特性分析，假如光束通过纯净水或格雷姆称为晶体的物质的溶液，光就不受干扰。从侧面观察时，是看不到通过净水或溶液的光束的。如果光束穿过一种胶体溶液，胶体颗粒正好大到足以散射光。胶体颗粒就会把一部分光朝各方向“弹开”。若从一侧观察，则光束朦胧可见。丁达尔于1869年对此现象的研究，使它以丁达尔效应的名称为世所知。

海面出现的“蜃楼”

发现时间：2009年4月14日
发生地点：山东省蓬莱市海上

海市蜃楼，在气象学中统一名称为蜃景。在沿海地区的春季或夏季，海水和陆地温差较大，在海风和海流的影响下，海面空气经常出现下冷上暖的现象，低层空气密度大、高层空气密度小。如果此时太阳光从海洋远处物体上反射出来，穿过两种不同密度不同的空气，就要发生光折射；当这种光线从上前方斜着映入人们的视线时，人们就会看到远方出现的物体幻影。

在平静无风的海面、大江江面、湖面、雪原、沙漠或戈壁等处偶尔会在空中或地上出现高大楼台、城郭、树木等幻景，我国山东蓬莱海面上常出现这种幻景。在我国古代传说中，认为蜃乃蛟龙之属，能吐气而成楼台城郭，又说海市是海上神仙的住所，

★ 发生在沙漠中的“海市蜃楼”

相关链接

海滋：是类似于海市蜃楼的一种大气光学现象。当接近海面的空气呈高密度低温状态时，低空海面生成密度较大的“水晶体空气层”，光线透过发生折射或全反射，导致海上岛屿影像发生畸变，形成海滋。

它位在“虚无缥缈间”，因而得此名。宋朝沈括在《梦溪笔谈》中这样写道：“登州海中时有云气，为宫室台观，城堞人物，车马冠盖，历历可睹。”

2009年4月14日，有人间仙境之称的山东省蓬莱市海上一日出现平流雾、海市蜃楼和海滋奇观，三大奇观同日齐现，在蓬莱历史上尚属首次。早上6点20分，蓬莱出现立春以来的第一次平流雾现象，一个多小时后逐渐消散。前一天傍晚，蓬莱北部海面云雾缭绕。16时许，随着气温下降，海平面上同时出现海市、海滋奇观，若虚若实，变幻迷离，蔚为大观。首现海滋奇观，当时画面不停变幻，长山列岛被渐渐地拉伸、靠近，最后相接在一起，如船如桥，如静如动，海上小岛时隐时现，忽高忽低，忽尖忽平，忽浓忽淡。后清风徐徐，渐渐呈现海市奇观，天空犹如拉开一副大幕，一座城若隐若现，细看似琼楼玉宇林立，街市车马穿梭，护城河舟楫泛波，城阙间人影绰绰，点缀亭台、佳木、灯塔……重重叠叠八百里，巍巍峨峨连天际。

在炎热的夏天，有时在柏油马路上也能看到房屋、树木的倒影。这实质上也是一种“蜃景”现象。那么，自然界中的海市蜃楼又是怎样形成的？

海市蜃楼是晴朗、无风或微风条件下，光在折射率不均匀的空气中连续折射和全反射而产生的一种光学现象。由于空气折射率变化的不均匀，

★ 云雾缭绕的海平面

物像变形，再加微风的扰动，仙境随之消散，这就更使它蒙上了一层神秘色彩。海市蜃楼常分为上现、下现和侧现海市蜃楼。

凡是物体的映像或幻景看上去好像从天空某一空气层反射而来的，则称为上现蜃景。上现蜃景常出现在海上和北方有冰雪覆盖的地方。这是因为海水表面蒸发时要消耗热量，同时海水温度的升高缓慢。而在冰雪覆盖的地区，由于冰雪面能将大部分太阳光反射掉，同时冰雪融化也要消耗大量热量，致使下层的温度变得很低，因此在这些地方最容易出现强烈的逆温现象。如果近地面层是强逆温时，空气密度会随高度迅速减小，光线在这种气温随高度升高因而使空气密度随高度锐减的气层中传播，会向下曲折，远方地平线处的楼宇等的光线经折射进入观测者眼帘，便出现了上现蜃景。

海面远处的景物隐匿于地平线以下，人们不能直接看到。当这些景物射向空中的光线连续弯向地面而到达

★ 洋流

人眼时，人们逆着光线看去，就会看到海面上空出现了从未见过的奇景，似仙阁凌空。

凡是物体的映像或幻景看上去好像由地面反射而来的，则称为下现蜃景。下现蜃景大都出现在热季的沙漠上或冬季暖洋流的海上。在晴朗少云平静无风的天气里，阳光照射在干燥的沙土上，沙土的比热小，土温上升极快，这里几乎没有水分蒸发，土壤分子传热又极慢，热量集中在表层，所以接近土壤层的空气温度也上升得很快，但上层空气却仍然很凉。当近地层是强烈降温层时，气温随高度很快降低，空气密度随高度很快增加，而光线在气温随高度而降低的气层内传播时会向上曲折，远方地平线处的景物的光线，经折射后直入观测者眼帘，便出现了下现蜃景。当水平方向的大气密度不同，使大气折射率在水平方向存在很大不同的时候，便可能出现侧向蜃景。

知识外延

平流雾：是海雾被海风吹过后，飘浮空中，然后冉冉升起，就形成了悬在半空中的“飘带雾”，附在海面而随风平流，则得名为“平流雾”。

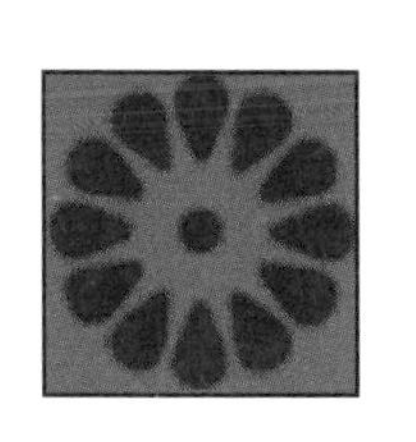

海水咸涩之谜

小/档/案

发现时间：不详
发生地点：海洋

出海航行的船只，不管是货轮、客轮还是渔船，起航前都要在船上准备大量的淡水。住在海边的人，他们吃的、用的水，也是河水或靠打井取用地下水；有些小岛上没有水井，就要用船从大陆上运水来。大海里有那么多水，为什么不用呢？因为海水是咸的，这也许是人类自诞生以后就知道的事情，但是地球表面2/3的海水中的海盐是怎么来的呢？江河湖泊里的淡水、地下水都能喝，为什么海水又咸又苦呢？

生活在海边的人或到海滨去过的人，都会有这样的亲身体验：如果在海水里游泳，上岸之后，身上的水干了，皮肤上会出现一层白霜；如果衣服被海水浸泡了，干了以后也会出现一圈一圈泛着白色的道道。这是海水里的盐结晶导致的。

★ 海盐山

海水里的盐很多，据计算，一立方千米海水中含有各种盐类3 000多万吨。其中最多的是氯化钠，也就是食盐，大约有2700万吨，占87%；其他盐类主要有氯化镁，320万吨；碳酸镁220万吨；硫酸镁120万吨；还含有钾、碘、钠、溴等各种元素的其他盐类。氯化镁是点豆腐用的卤水的主要成分，味道是苦的；食盐（氯化钠）是咸的。这两种盐占了海水所含盐类的绝大部分。所以海水喝起来就又咸又苦了。

★ 死海东海岸岸边

海水是咸的，是因为它含有很多的海盐。但是海水中的盐从何而来，却一直说不清楚，直到今天人们还在探讨这一问题。大部分科学家认为产生海盐的途径主要有两个：

一是盐是海洋中的原生物，在地球刚形成时，由于大量降雨和火山爆发，火山喷发出来的大量水蒸气和岩浆里的盐分随着流水汇集成最初的海洋，海水就咸了。不过，那时的海水并没有现在这样咸。后来，随着海底岩石可溶性盐类不断溶解，加上海底不断有火山喷发出盐分，海水逐渐变

相关链接

在古巴东北部不远的大西洋里，却有一片淡水区域，直径约30米。原来有一个巨大的泉眼在这里的海底深处，泉水是从地层下面能透水的岩层里涌出来的。泉水滔滔涌出，每秒钟可涌出40立方米的水量，它排开咸水，一个淡水区域就此形成了。

成咸的。

二是陆地上的江河通过流水带来的。降落到地面的雨水，向低处汇聚，形成溪流，又汇入江河；一部分水穿过各种地层渗入地下，成为地下水，地下水在某些地段又会冒出地面再次流进江河。最后都流进大海。水在流动过程中，要流经许多地区，遇到各种各样的岸石，水里也就溶解了各种盐类。这些盐分都被江河里的水带进了大海。据估计，全世界每年从河流带入海洋的盐分，至少有30亿吨。

可是，这两种解释都有不完善的地方，特别是海盐主要来自陆地河流的输入的理论。因为人们对海洋物质的组成、化学性质和江河输入的计算结果表明，两者之间的数值差非常之大。

近几十年，科学家们为了说明这些差异，曾提出过种种理论加以解释，但都不能令人信服。到了20世纪70年代之后，人们从新发现的海底大断裂带上的热液反应中，似乎找到了解释的新证据。科学家对海底热液矿化学反应过程研究后发现，通过海底断裂系的水体流动速率，虽然只相当于河川径流的千分之五，但是，由于断裂聚热所产生的化学变化，却比经河川携带溶解盐所引起的变化大数百倍。海底热液反应是海盐的重要补充的说法，已经为许多海洋科学家所接受。但是，这种解释并没有最终解开海水中盐来源之谜。它只是提供海水中盐来源的一个途径，但绝不是唯一的。

究竟有多少盐溶解在海水里面呢？根据试验，平均有35克盐溶解在每千克海水中。其中氯化钠（食盐）占的比重比较大。正是由于存在大量的氯化钠、硫酸镁、氯化镁、硫酸钾、硫酸钙和溴化镁等。海水的咸苦味就是由它们造成的。

知识外延

海水晒盐：沿海的地区有不少盐场，盐场里是一畦一畦的盐田，盐田一般分成两部分：蒸发池和结晶池。先将海水引入蒸发池，经日晒蒸发水分到一定程度时，再倒入结晶池，继续日晒，海水就会成为食盐的饱和溶液，再晒就会逐渐析出食盐来。

浩瀚的海洋是孕育生命的摇篮，它不仅孕育了地球上最早的生命，而且哺育着形形色色的海洋生物。有传说中的人鱼、不是贝类的舌形贝、擅长变化的章鱼、领航船只的海豚，还有会集体自杀的鲸鱼……它们共同生活在这蓝色的海洋大家庭里，组成了千奇百怪的海洋动物世界。

第三章

千奇百怪的海洋生命

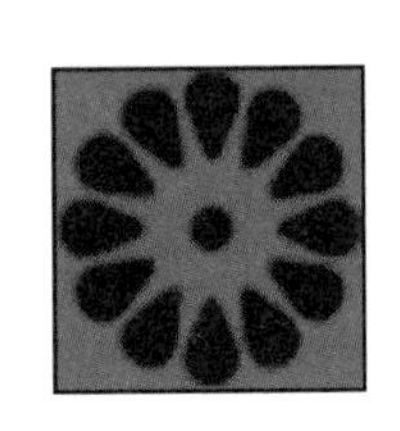

生命为何在海洋起源

小/档/案

发生时间：生命出现在大约37亿年前

发生地点：海洋

生命的起源一直是未知的秘密，经过科学家们长期的研究，从现在的研究成果看，大家普遍认为生命起源于海洋。

众所周知，水是生命活动不可缺少的物质，海水的庇护能有效防止紫外线对生命的杀伤。大约在45亿年前，地球就形成了。大约在38亿年前，当地球的陆地上还是一片荒芜时，在咆哮的海洋中，一个很偶然的机会，最原始的细胞出现了。最原始的细胞结构和现代细菌很相似，如至今还广泛生活的蓝藻仍然保留着当初那种原核生物状态。大约又经过了1亿年的进化，海洋中原始细胞逐渐演变成为原始的单细胞藻类，这大概是最原始的生命。

蓝藻的出现，几乎是一件和生命出现同等重要的大事。因为它居然能够吸收阳光，利用太阳能把溶解在海水里的化学物质变成食物。换句话说，蓝藻的细胞里含有叶绿素，能够进行光合作用，合成蛋白质，放出氧气。

到距今18～13亿年前这一段时间里，出现了有细胞核的真核生物——绿藻等。以后接着又有了红藻、褐藻、金藻……它们组成了绚丽多彩的藻类世界。真核生物的出现，预示着一个熙熙攘攘的生命大繁荣时期即将到来。

藻类进行光合作用，产生了氧气和二氧化碳，为生命的进化准备了条件。地面上形成臭氧层，减弱了日光中紫外线对生物的威胁力，使水生生物有可能发展到陆地上来，也为低等动物的兴起提供了食物。

★ 最原始的蓝藻

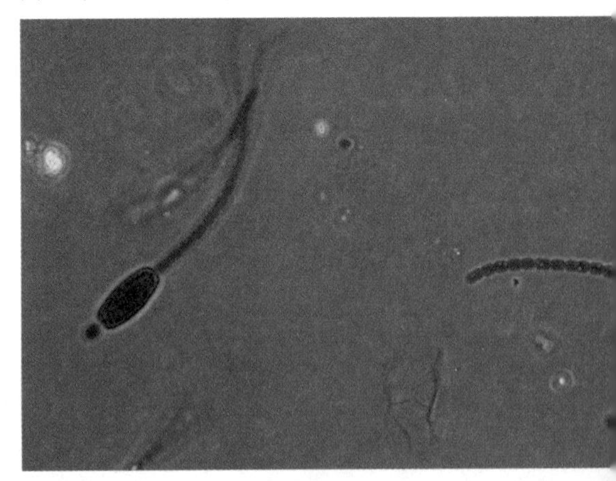

★ 褐藻

一部分原始有鞭毛生物，如裸藻，光合作用的能力逐渐衰落，但是能利用鞭毛不停地转动在水中运动，还有能感光的眼点。鞭毛生物增强了运动和摄食的本领，于是就产生了最早的原生动物，如现今还保留着10多亿年前原始状态的变形虫等。人们说它是动物，但是它又有叶绿素，能利用阳光进行光合作用，为自己制造食物，又是毫不含糊的植物。这种既像动物又像植物具有双重性的现象，充分证明了动植物的共同祖先，就是如同眼虫之类的远古时代的原始单细胞生物。

由于细胞结构的不断分化，导致了营养方式上的一分为二：一支发展自己具有制造养料的器官（如叶绿体），朝着完全“自养”方向发展，成了植物；另一支则增强运动和摄食本领以及发达的消化机能，朝着“异养”方向发展，成了动物。

动植物的分家是生物进化史上的第4次大分化。就是这些不起眼的、有叶绿素的藻类和没有叶绿素的变形虫，预示了在大地上将要出现郁郁葱葱的植物界和千姿百态的动物界，它们相互依赖、相互制约、相互竞争，不断发展，日趋繁荣。就这样，这种原始的单细胞藻类经历亿万年的进

相关链接

蓝藻是原核生物，也叫作蓝绿藻、蓝细菌；大多数蓝藻的细胞壁外面有胶质衣，所以又叫黏藻。在所有藻类生物中，蓝藻是最简单、最原始的一种。蓝藻是单细胞生物，没有细胞核，但细胞中央含有核物质，通常呈颗粒状或网状，染色质和色素均匀地分布在细胞质中。该核物质没有核膜和核仁，但具有核的功能，故称其为原核（或拟核）。和细菌一样，蓝藻属于“原核生物”。

★ 退潮后，一些绿藻遗留在浅滩的石头上

化，产生了原始水母、海绵、三叶虫、鹦鹉螺、蛤类、珊瑚等，海洋中的鱼类大约是在4亿年前出现的。

月亮的吸引力作用，引起海洋潮汐现象。涨潮时，海水拍击海岸；退潮时，把大片浅滩暴露在阳光下。原先栖息在海洋中的某些生物，在海陆交界的潮间带经受了锻炼，同时，臭氧层的形成，可以防止紫外线的伤害，使海洋生物登陆成为可能，有些生物就在陆地生存下来。同时，无数的原始生命在这种剧烈变化中死去，留在陆地上的生命经受了严酷的考验，适应环境，逐步得到发展。大约在2亿年前，爬行类、两栖类、鸟类出现了。而所有的哺乳动物都在陆地上诞生。大约在300万年前，具有高度智慧的人类出现了。

生命的产生和发展大概就是这样一个偶然和必然的过程，但是其中还存在众多无法解释的问题，为什么海洋就存在符合最原始细胞的生存环境呢？也许真的是一个很偶然的机会吧！

知识外延

潮汐现象：潮汐现象是指海水在天体（主要是月球和太阳）引潮力作用下所产生的周期性运动，习惯上把海面垂直方向涨落称为潮汐，而海水在水平方向的流动称为潮流。潮汐现象的特点是每昼夜有两次高潮，而不是一次，“昼涨称潮，夜涨称汐”。简而言之“潮”指白天海水上涨，“汐”指晚上海水上涨，不过通常将潮和汐都叫作“潮”。

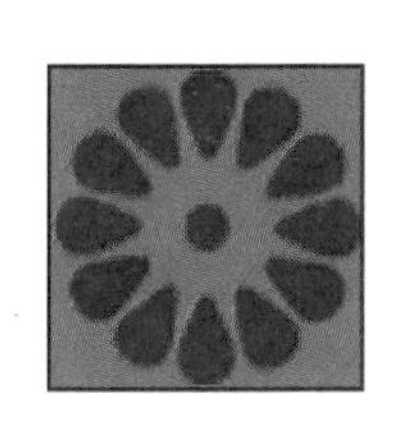

美丽的人鱼

小/档/案

发现时间：1990年

发生地点：在阿拉伯海的浅水湾

海洋是个色彩缤纷的世界，人们曾为它编造出许多美丽的童话。如人们认为海中有美丽的人鱼，如果有一天人们发现童话中的美人鱼就在自己的身边出现，一定会惊诧不已。而对于相对迷信的人来说，他们也一定把它看成不祥之兆，许多千载难遇的科学发现机会就这样被浪费掉了。

★ 享有“美人鱼”之称的海牛

19世纪中期，埃·格雷顿爵士首次对这种“鱼怪”神奇生物做过详述。“鱼怪”一词的意思是“半鱼半人”或“美人鱼”，相信这种鱼怪真实存在的科学家把它称作“半鱼半人海洋生物”，即一半是鱼，另一半是人。

今天，许多科学家认为，鱼怪即便不是神话，也早已从这个世界上销声匿迹了，尽管经常传来消息说，有些目击者亲眼见过这种神奇生物。然而，对科学家来说，实在太不走运！迄今为止，连一条真正的鱼怪也没得到。

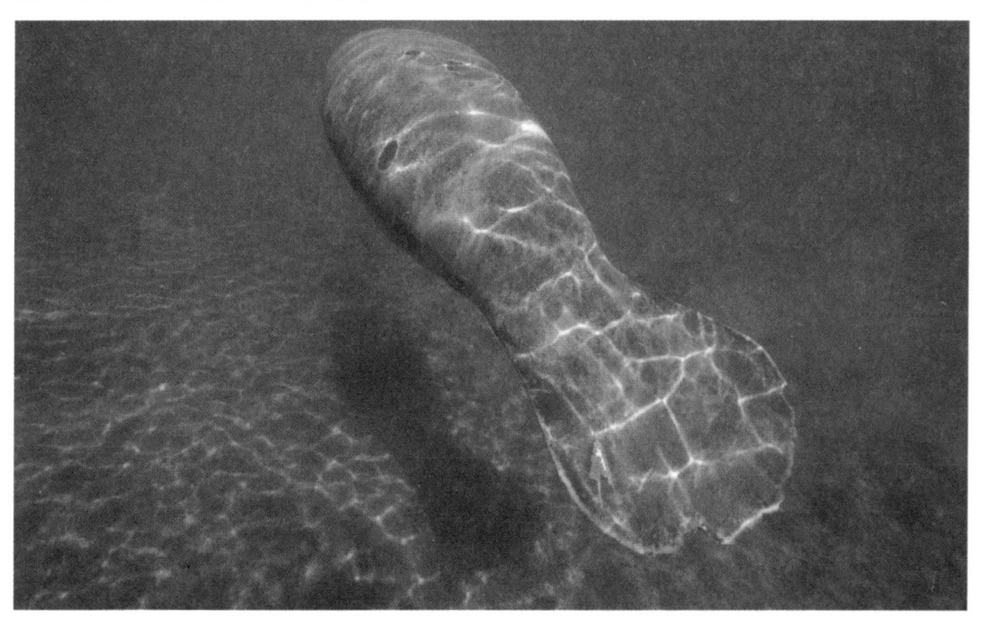

★ 阿拉伯海

1993年，在美国加利福尼亚州，一条死鱼怪被海潮冲到海滨浴场的岸边，但遗憾的是，当专家们赶到现场时，这条鱼怪早已腐烂变质得臭不可闻，已无法将其保存下来。

1990年，在阿拉伯海的浅水湾中，渔民曾意外地捕捞到一条世界上绝无仅有的人腿鱼怪。当地居民看到这令人毛骨悚然的鱼怪后，疑惑碰上了魔鬼般的不祥之物，便纷纷惊慌地离开现场。来这里参观的一名外地游客带着摄像机，他好奇地拍下这一珍贵的镜头。英国鱼类学家克·卡雷勃认为，毋庸置疑这张照片是真实的，巨大鱼怪只是多长出一双人腿，说它是大腿还不完全是大腿，不过，跟大腿几乎没多大区别。但是当地渔民认为，这条鱼怪不是鱼，而是海妖的侍从。

就目前已知道的美人鱼和半变态水生生物，它们都是怪兽，它们只是上半身器官是人的，下半身器官是动物的，照片上的这种鱼怪却恰恰相反，它的上半身是动物的，而下半身是人的。这些半鱼半人的海洋生物究竟是怎样繁殖的，眼下还尚不清楚。所以，某些科学家认为，半变态水生生物和鱼怪的出现纯属从偶然到偶然的某种海洋生物的偶然变异现象。

值得注意的是，这条鱼怪长出

相关链接

1969年，在传说中美人鱼出现的南斯拉夫海域岸边，在此工作了四年的美国考古学家奥干尼博士发现了世界上首具完整的美人鱼化石。经研究这一化石是雌性的，鱼高160厘米，腰部以上像人类，头部发达，脑体积相当大，双手有利爪，眼睛跟其他鱼类一样，没有眼睑，其锋利的牙齿和健壮的双颚足以杀死猎物。奥干尼博士说，它是在大约1.2万年前一次海底山泥倾泻时被活埋的，因被周围的石灰所保护，所以后来慢慢形成化石。

一双人腿紧挨的部位根本不是女人的臀部或人的其他器官，而是一条天生的鱼尾，它的一双人腿看上去很像半鱼半人的海洋生物的生理特征，所以在关于“生物偶然变异现象”的学说中，似乎有过某种论述。据诸多的目击者介绍，这种半鱼半人鱼怪几乎栖息在所有温带海域里，例如，格雷顿爵士就曾在希腊沿海发现过这种鱼怪。

当然，鱼怪照片是很有说服力的佐证材料，非常有助于我们更好地分析和研究这种半鱼半人海洋生物的生理构造和生活习性，但令人遗憾的是，像这种价值连城的鱼怪活标本并未落入科学家的手中，鱼怪也许成为永久之谜了。

知识外延

传说中的美人鱼是以腰部为界，上半身是美丽的女人，下半身是披着鳞片的漂亮的鱼尾，整个躯体，既富有诱惑力，又便于迅速逃遁。她们没有灵魂，像海水一样无情；声音通常像其外表一样，具有欺骗性；一身兼有诱惑、虚荣、美丽、残忍和绝望等多种特性。

★ 丹麦的美人鱼雕像

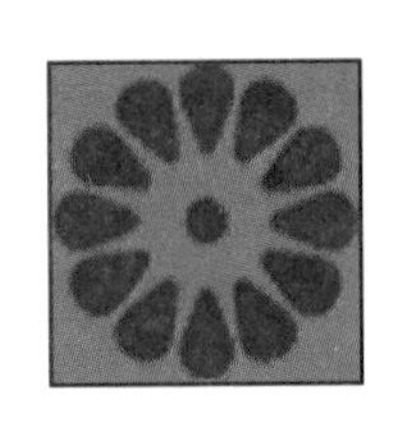

不是贝类的舌形贝

小/档/案

时间：已有4.5亿年历史
地点：海中洞穴

海豆芽是海陆动物界最有研究价值的动物之一。它的存在不但不符合进化论的原理，也对一个物种的生存极限提出了挑战。是什么原因使它躲过了地球上几次大的生态劫难，又是什么原因，让它在物种进化方面停步不前。科学家们绞尽脑汁想找到答案。

海豆芽是一种生活在海里的小动物。当海水退潮的时候，人们常常可以在海边的沙滩上找到一种样子像黄豆芽的小动物，这就是科学界十分重视的活化石——舌形贝。它是世界上现有生物中历史最长的，到现在已经有4.5亿年了。这种贝的体形奇特，上部是椭圆形的贝体，如同一粒黄豆，下面是一个可以伸缩的、半透明的肉茎，就像一根刚长出来的豆芽，所以人们又叫它“海豆芽”。

海豆芽呈壳舌形或长卵形，后缘尖缩，前缘平直。两壳凸度相似，大

★ 西班牙潘尼斯科拉海滩上的各种贝壳

小近等，但腹壳略长。壳壁脆薄，几丁质和磷灰质交互成层。壳面具油脂光泽，饰以同心纹。肉茎特长，自两壳间伸出，并在腹壳假铰合面上留下一个三角形的凹沟，称为肉茎沟。外套膜边缘具刚毛，促使水由前方两侧进入腕腔，再由前方中央排出。小舌形贝两壳大小相等，长卵形至亚三角形，前缘圆。腹壳后缘比较尖锐，有清晰的假铰合面和茎沟。背壳稍短。壳面具同心纹，有时呈断续的层状，或具放射纹。

海豆芽虽然有两层贝壳，但它不属于贝类，而是属于腕足类。它的肉茎粗大，能在海底钻洞穴居住，肉茎还能在洞穴里自由伸缩。海豆芽大多生活在温带和热带海域，一般水深不超过20～30米。它们生存的环境，是海浪巨大、环境变化剧烈、生物众多的世界，海豆芽能在这样的环境中生存，与它们那特有的生活方式分不开。

★　海浪

相关链接

2004年，云南省澄江化石库中最新发现的舌形贝型腕足动物——海口西山贝。研究发现贝体轮廓呈圆形，刚毛长、浓而坚硬，肉茎长而粗大，经鉴定为一新属、新种。结论形态研究表明它们应属于圆货贝类，但可能的肌肉系统显示这类生物可能与神父贝类相关；结合形态特点和生态特征，认为这类生物可能并非穴居生活，而以肉茎固着海底、营滤食生活。

海豆芽一生中绝大多数时间都是在洞穴中隐居，只是靠外套膜上面的3根管子与外界接触，呼吸空气，摄取食物。海豆芽的胆子很小，只有在万无一失的情况下，才小心翼翼地把头探出来，一有风吹草动，就赶紧缩进洞里，把贝壳紧紧闭起来，一动不动。

广阔的大海中蕴藏着数不清的谜。生物学界普遍认为，一个物种从起源到灭绝，一般不超过300万年；一个属从起源到灭绝，也不过就是800～8000万年。可是海豆芽却有4.5亿年的历史！在这历史的长河中，许多庞大而又强悍的动物都灭绝了，而小小的海豆芽却生存至今。这种情况在生物发展史上是极为罕见的。是什么原因造就了这位生物界的“老寿星”？除了它独特的生活方式外，还

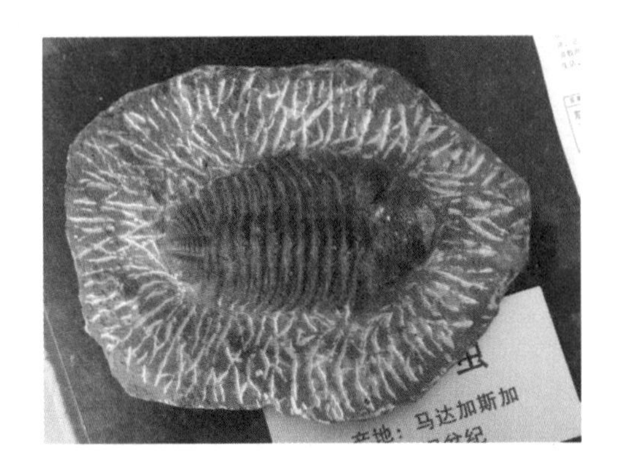

★　三叶虫是是一类生命力极强的生物

有什么特殊的地方？这些还都是谜。

生物界有一个基本的进化规律，那就是任何物种都是从低级向高级、从小到大、从简单到复杂演化而来的。可是海豆芽却是一个例外，在漫长的历史中，它们的生活方式居然没有发生什么显著的变化，体形也一直那么大。这显然违反了生物进化的原则，向达尔文的进化论提出了挑战。如果能把海豆芽生长之谜揭开，恐怕生物学上的有些原理就要重新改写。

知识外延

生物进化论，简称进化论，是生物学最基本的理论之一。最早是由查尔斯·罗伯特·达尔文提出的，其在著《物种起源》时有详细的论述。进化，是指生物在变异、遗传与自然选择作用下的演变发展、物种淘汰和物种产生过程。地球上原来无生命，大约在30多亿年前，在一定的条件下，形成了原始生命，其后，生物不断地进化，直至今天世界上存在着170多万个物种。

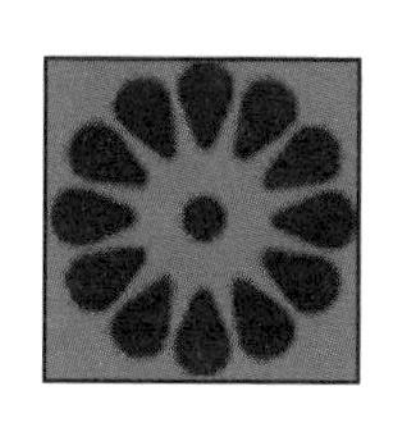

海洋怪兽巨蟒

小/档/案

发现时间：19世纪
发生地点：太平洋

同是巨蟒，在陆地上生存的巨蟒再大也有个限度，但海中的巨蟒就像没有限度一样，一个比一个大。这当然与生存环境有关，因为海水浮力大，食物丰富，受人类干扰少。可是除了这些外，还有没有其他原因呢？

1851年1月13日早上，美国捕鲸船“莫依伽海拉”号正在南太平洋马克萨斯群岛附近海面航行。

站在桅杆瞭望的海员突然大声惊呼起来。船长希巴里听到海员的喊声急忙奔上甲板，举起了望远镜：“哦，那是海里的怪兽！快抓住它！迅速朝怪兽靠拢！”紧接着，船上放下三艘小艇，船长亲自带着矛乘上小艇，朝怪兽疾驶而去。

好一个庞然大物！只见巨蟒身长足足有31米，颈部粗5.7米，身体最粗部分达15米。头呈扁平状，有皱褶。尖尾巴，背部黑色，腹部暗褐色，中央有一条细细的白色花纹，犹如一条大船，在海中游弋。船员们惊呆了！

当小艇摇摇晃晃地靠近巨蟒时，船长声嘶力竭地喊了起来。几艘小艇上的船员一起奋力举矛刺去。顿时，

★ 马克萨斯群岛

★ 生活在印第安地区的巨蟒

血水四溅，巨蟒突然受伤，在大海里翻滚挣扎起来，激起了阵阵冲天巨浪。船员们冒着生命危险，与巨蟒进行了殊死的搏斗。最后，巨蟒终于寡不敌众，力竭而死。

希巴里船长把海蟒的头部切下，撒下盐榨油，竟榨出10桶水一样透明的油！但是，遗憾的是“莫依伽海拉”号在返航时遇难，下落不明。

人们不仅在太平洋、大西洋、印度洋，甚至在非洲附近的海上看到过巨蟒。

1817年8月，曾在美国马萨诸塞州格洛斯特港的海面上目击海洋巨蟒的所罗门·阿连船长这样叙述道：“当时像海洋巨蟒似的家伙在离港口130米左右的地方游。这个怪兽长40米，身体粗得像半个啤酒桶，整个身子呈暗褐色。头部像响尾蛇，大小同马头。在水面上缓慢地游动着，一会儿绕圈游，一会儿直游。巨蟒消失时，笔直钻进海底，过了一会儿又从约180米远的海面上重新出现。” 船上的木匠玛休·伽夫涅、达尼埃尔·伽夫涅兄弟俩和奥嘎斯金·维巴三人同乘一艘小艇去垂钓时，也遇到了巨蟒。玛休在离巨蟒二十米左右处用步枪瞄准它开枪。他这样讲述当时的情形：“我在怪兽靠近小艇约二十米左右的地方开了枪。我的枪很好，射击技术也完全有把握，我是瞄准了怪兽的头部开枪的，肯定命中了。怪兽就在我开枪的同时，朝我们这边游来，一靠近就潜下水去，钻过小艇，在30米远的地方重又出现。怪兽不像鱼类往下游，而像一块岩石似的，笔直笔直地往下沉。我的枪可以发射重量子弹，我是城里最好的射手，当时清楚地感到射

相关链接

类似的目击事件不胜枚举：

1877年，一艘游艇在格洛斯特发现巨蟒，在距艇二百米的前方水中做回旋游戈。

1905年，汽船“波罗哈拉”号在巴西海湾航行时，发现巨蟒正与船只并驾齐驱，不一会儿，如潜水艇般下沉，在海中消失。

1910年，在洛答里（音译）海角，一艘英国拖网船发现巨蟒，它正抬起镰刀状的头部，朝船只袭来。

1930年，在哥斯达黎加海面上航行的定期班船上，有八名旅客和二名水手目击巨蟒。

1948年，一艘在肖路兹（音译）群岛海面上航行的游览船，有四名游客发现身长30余米，背上长有好几个瘤状物的巨蟒。

中了目标。可是，海洋巨蟒却好像丝毫未受伤。”

1848年8月6日，英国巡洋舰“迪达尔斯”号的水兵们也目击了海洋巨蟒。他们从印度返回英国的途中，在非洲南部约500千米以西的海面上遇到了巨蟒。

“在舰艇侧面发现怪兽正朝我们靠拢！”瞭望台上的实习生萨特里斯大声叫了起来。舰长和水兵们急忙奔到甲板上，只见距离军舰200米左右的地方，一条怪兽昂起头，露出水面的身体部分长20余米，正朝着西南方向游去。舰长拿出望远镜，紧紧地盯住这条举世罕见的怪兽。他把这天目睹的一切详细地记载在航海日志上，到了英国本土，就把它和亲眼所见的怪兽画像交给了海军司令部。

据说摩纳哥国王阿尔倍尔一世曾经为了捕获海洋巨蟒，还建造了一艘特别的探险船。船上装备了直径5厘米，长达数千米的钢缆和能吊起1吨重物体的巨大吊钩，并以12头猪作为诱饵，可惜未遇而归。

迄今为止，有许多人目睹过海洋巨蟒，但它究竟是何类动物，还是一个谜。

世界上最大的巨蟒：印度尼西亚捕获一条长14.85米，重447千克的巨蟒，属东南亚本地物种网纹蟒。到目前为止，这条蟒蛇是世界上最大的蟒蛇。这条大蛇取名为“桂花”。虽然名字听起来比较温柔，但据说“桂花”的大口一旦张开非常吓人，可以很轻松地吞下整整一个人。

★ 英吉利海峡码头的灯塔

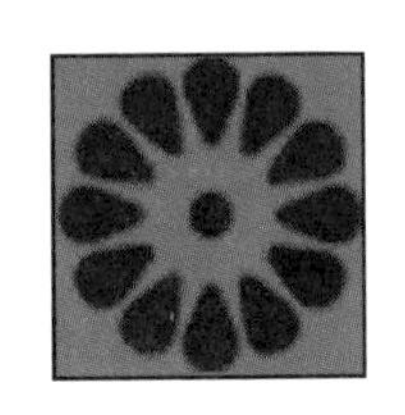

太平洋上的怪尸

小/档/案

发现时间：1977年4月25日

发生地点：新西兰克拉斯特彻奇市以东50千米的海面

海洋中不被人知的秘密太多了，海洋中不被人知的动物也不知还有多少。虽然有些偶然的机会可以让人类有幸见识一点，可是这一点机会又可能被人类中的无知之辈浪费掉，而徒增他人的遗憾。科学研究是一项高尚的事业，但要没有广泛的群众基础，科研就如无源之水，是不会取得成果的。

1977年4月25日，阳光明媚，在新西兰克拉斯特彻奇市以东50千米的海面上，日本大洋渔业公司远洋拖网渔船瑞洋九号正在捕鱼，在船员把沉到海下300米处的渔网拖上来时，所有人都惊呆了：一个从未见过的庞然怪物的尸体被裹在网里。为了看个明白，人们用绳子绑在怪尸中部，让起重机把它吊起来。这是一个类似爬行类动物的尸体，它长着细长的脖子，小小的脑袋，两对巨大的鳍，它的肚子内腹已空，五脏俱无。后经研究分析，它已死了半年至一年时间。虽然尸体已开始腐烂，但整个骨架还保持完整。人们用卷尺测得怪物的身长约10

★ 海底里会发声的沙丁鱼

★ 鲨鱼

米，颈长1.5米，尾部长2米。在船上捕鱼多年的船员说它很像传说中的尼斯湖怪兽。

正当船员惊诧不已，议论纷纷时，船长赶到了，见大家聚集着议论一具腐烂发臭的怪尸体，他害怕船舱里的鱼会受到腐烂物的影响，所以命令大伙把那怪尸扔回大海。人类极有可能认识一种新动物的机会，就这样令人遗憾地毁掉了。

万幸的是，船员拍了四张照片并做了记录，还画了几张怪兽骨骼草图，几位细心的船员也留了四五十根怪物的鳍须。从彩色照片上，可清楚地看到怪兽的大脊背，整个身躯肌肉还很完整，只头部露出白骨。从身体大小看，只有巨鲨、鲸、大乌贼才可与之相比，可这怪尸的小脑袋和腹部对称的两对巨鳍，却是鲨鱼和鲸所不具有的。由于没有实物与已知的各种古生物和动物化石骨骼做比较，所以无法确定怪兽究竟属于哪一种动物。日本生物学家们非常感慨地说："如果带回一个小小的牙齿骨骼也好啊！"

怪物到底是什么？人们的看法很不相同，主要有两种观点：一是近代的大鲨鱼；二是古代的蛇颈龙。英国伦敦自然博物馆的奥韦思·惠勒认为，以前世界各地的海滨附近曾发现许多奇特动物，结果它们都是鲨鱼。这个怪物可能是鲨鱼，鲨鱼没有硬骨骼，是一种软骨鱼类，当它死后腐烂时，颈部和鳃部首先从躯体脱离，于是就呈现出躯体前端的一个细长"脖子"，尖端像个小小的头。惠勒的论述使许多人信服。

持蛇颈龙说的人却坚信：一、鲨鱼的肉是白色的，怪兽却是赤红的；二、鲨鱼体内积蓄的尿是利用海水的浸透压力，从全身排出，没有排尿器官，因此鲨鱼肉有一种尿臭味。但当时船员却无人从怪兽尸体上闻到这种尿臭味；三、倘若是鲨鱼，那么死后半年多具有软骨的鲨鱼是很难用起重

相关链接

蛇颈龙是海中爬行类的一种，由陆上生物演化而来，再回到海洋中生活。这些爬行类活在三叠纪到白垩纪晚期，它们必须生活在干净的水域中，主要以食用鱼类维生。化石证实它们较常出现在海洋环境中，除了鹦鹉螺之外也吃鱼类。

★ 凶猛的大白鲨

机吊起的。因为尸体腐烂时，随之变化的尸体软骨架无论如何承受不了约2吨的身体重量。而且，鲨鱼只在肝脏里有脂肪，而怪兽有较厚、包裹着全身肌肉的脂肪层。还有一个十分重要的论据即怪兽的头部呈三角形，这是爬行类动物独有的特点。专家把蛇颈龙的化石骨骼与怪兽的骨骼草图做了比较，不论整个骨架结构，还是局部的鳍、尾、颈，都有惊人的相似之处。应该强调的是：怪兽骨骼草图是根据矢野的推测画的，并不完全准确，但它的结构与短颈蛇颈龙非常相像，因此这种“蛇颈龙说”是有一定根据的。日本漫画家石森章太郎根据骨骼草图，又画了一幅怪兽的复原图，按此图看来，它可真像一条蛇颈龙。

对于太平洋上的怪尸之谜，人们一直在探索。1977年9月1日、19日，日本召开了两次有关怪兽的学术研讨会，与会者是鱼类学、古生物学等各方面专家。他们经过研究分析综合各方面意见，写出了9篇论文。12月15日会议主持人东京水产大学校长佐木忠义向报界发表了日本学术研究的结果：从怪兽的两对巨鳍、长尾巴、长身体、身体表面都是脂肪等特点来看，它和已知的鱼类是完全不同的动物；从怪兽鳍须的化学成分来看，得不出鲨鱼的结论；从分类上看，它很可以代表全新的未知的一大类动物。

太平洋上的怪尸到底是什么？人们希望有一天怪兽的踪影会再现，来揭开这个奇谜。

知识外延

鲨鱼在古代叫做鲛、鲛鲨、沙鱼，是海洋中的庞然大物，被一些人认为是海洋中最凶猛的动物，所以号称“海中狼”。早在恐龙出现前三亿年前就已经存在地球上，至今已超过四亿年，它们在近一亿年来几乎没有改变。

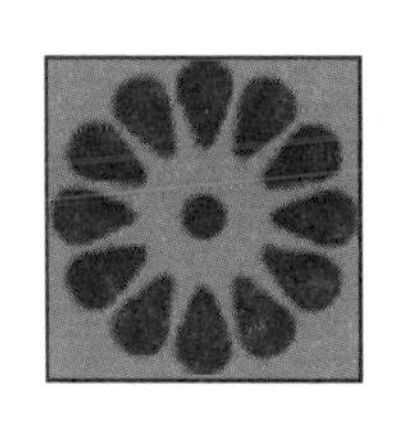

巴巴岛上的巨蜥

小/档/案

发现时间：1995年秋

发生地点：印度尼西亚的班达海上的巴巴岛

海洋总是带给人惊奇，谁见过栖息在陆地上的高4米、长15米的巨蜥？可科学家们却看见了在海中栖息的这样的巨蜥。那么这个巨蜥是海洋中最大的蜥蜴吗？谁也不敢回答；这只巨蜥有多少岁了，它又在哪里繁殖生育？更不会有人给出答案。在印度尼西亚的班达海上，坐落着一个渺无人烟的岛屿——巴巴岛。几年来，澳大利亚一支科学考察队在这个岛连续进行了古生物学考察。

1995年秋，考察队员在这里的一次异乎寻常的考察中险些丧生。考察队领队奥古斯托逊博士说："当时，我们去那里寻找残存的动物化石。这次考察应是多年来考察和研究的总结，突然……"

考察队员拉尔弗·沃尔基回忆

★ 海鬣蜥

★ 印度尼西亚巴布亚岛

说："那一次，我们突然发现，一艘状似潜艇的奇怪的大船从远处海面向这个岛屿驶来。我们无法搞清这究竟是什么东西。我们站在岛上惊异地望着这步步逼近的巨大怪物。当它游近时我们才发现，原来是一只从未见过的绿色巨蜥登岸了。尽管它看上去是一个约4米多高、15米长的庞然大物，但是，它从水中上岸的动作却十分机敏。当然，这只巨蜥的大小是我们通过目测得知的。"

生活在印尼巴巴岛上的巨蜥出人意料地登岸，古生物学家们还没搞清是怎么一回事儿，所以，只是站在岛上默默地观察。其实，这巨兽还没发现岛上有人。它上岸后，朝岛上的几棵大树爬去，开始用它那强壮锋利的牙齿啃着树木，只听见树枝被啃得"喀喀"作响。这些大树被那巨兽一棵接一棵地咬碎，实际上，它连嚼也没嚼就直接吞了下去。它吃饱后便找个阳光充足的地方打起盹来。

尽管蜥蜴类动物是食草动物，但科学家们不想冒这个险去靠近它仔细研究，赶紧给它拍了照就转回山里。

沃尔基继续说："考察队员快到达山顶时，巨蜥却突然醒来，它一下子发现了我们，这时，它开始大步流星地向我们爬来。使我们幸运脱险的是，这巨兽不会爬山，它开始试着往山上爬了几步，突然一下子掉了下

去，于是放弃了上山追赶考察队的念头。约五个小时后，巨蜥弃岸返回海中。我们的眼睛一眨不眨地盯着它一直消失在远方的海里。”

“按照电台的呼叫指令，停靠在巴巴岛北岸的考察船返回大本营。两小时后，考察队员们登上考察船飞速返回澳大利亚。从外貌看，我们的巨兽访客是陆生动物，可是，我们走遍了邻近的几个海岛，一点儿也没发现这种巨蜥的蛛丝马迹，它有可能迁徙到更好的地方去了。要知道，假如它要再冒出来向我们发起进攻，我们可就再也无法逃避了。”奥古斯托说。

眼下，奥古斯托认为，在巴巴岛上不仅能找到古代动物骨骼化石，这个岛又是现代巨兽的“大餐厅”。谁也不知道那只巨蜥究竟活了多少年，它也许是在不久前从一个保存和孵化条件良好的蛋壳中钻出来的？谁能说出在不远的将来还会出现多少只这样的巨蜥？

班达海：平均深度3064米，有一珊瑚礁岛的海脊把班达海分隔为南北两海盆，北班达海盆深5800米，南班达海盆深5400米，有阿比火山从海平面以下4499米处升起，高至海面以上669米。还有第二条海脊构成一列活火山岛弧把南班达海盆和韦伯海盆隔开，韦伯海盆是班达海最深的部分，深达7440米。班达海上许多岛屿周围，海水清澄，珊瑚格外美丽。

★　鱼化石

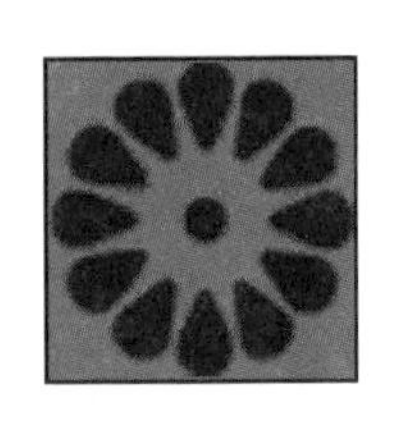

领航船只的海豚

小/档/案

发现时间：1871 年

发生地点：新西兰的伯罗鲁斯海峡

人类现在认识到海豚是海洋哺乳动物中“智力”最高的动物。这不但使人类能在海洋馆里驯化它们，还得以让它们表演各种赏心悦目的节目，更有甚者，有的国家还准备让海豚参与现代人类战争，并作为高科技手段推出。海豚的这些能力从何而来呢？它还有哪些习性尚未被发现呢？

1871 年的一天，一艘名叫“布里尼尔”号的轮船驶近了新西兰的伯罗鲁斯海峡。船长从望远镜中向海峡的方向望去，只见蓝色的大海波涛汹涌，不过，天气晴朗，能见度很高。船长吩咐舵手把稳航向，各位水手坚守岗位，减低船速小心行驶。

“布里尼尔”号开始进入海峡了，瞭望塔上的瞭望人手持望远镜，目不转睛地在海面上搜寻着，不断地把观察结果报告给驾驶舱里的船长。突然，瞭望人员发现在船头的不远处有一个黑色的东西，认为是礁石。船长一边命令减速一边举起望远镜向前方的海面望去。待到“布里尼尔”号靠近它时，船员们发现那是一只海豚。

“布里尼尔”继续向前航行，可是，那条海豚却没有离去，它一会儿用身体撞击一下船舷，一会儿扎个猛子从船底穿过。嬉戏了一会儿，海豚奋力向前游去，很快赶过船头，在离船不太远的地方，慢慢地向前游着。船已经开出很远了，可是，那条海豚仍然不紧不慢地在前面游着，好像是在给轮船领航。

相关链接

新西兰首都惠灵顿，有一座造型别致的海豚纪念碑，上面写着“天才领航员杰克”，是为纪念海豚“伯罗鲁斯杰克”而建造。这只海豚在1871年～1912年，在41年的时间里，为数不清的轮船领过航，水手们提起它来，无不交口称赞。这只海豚消失后，当地人怀着依恋之情，潜水员找到它的遗体，并在上覆盖着国旗，随后为它举行了葬礼，又为它精雕了铜像。

如果海豚真是在给轮船领航，那么海豚能游的地方，船也应该能过去的。于是“布里尼尔”号紧紧地跟在海豚身后，海豚好像专程为这艘船而来，它带领海船绕过暗礁，胜利地到达了安全区。在这之后，它一次又一次地领着船从险滩和暗礁边驶过去。为了表示感谢，海员们为这只海豚取了个名字“伯罗鲁斯杰克”。

海豚为什么会为船只领航呢？这个问题始终使人们感到困惑。一位名叫安东尼·阿尔珀斯的记者着手进行研究。他除了查阅有关海豚领航的报道外，还逐个对报道中提到的人物进行采访。阿尔珀斯写信给许多海员，要他们把观察到的详细情况写来寄给他。

★ *在海洋里跳跃的海豚*

★ 正在玩耍的海豚

从海员的回信中他发现，很多船员都看到，海豚在领航之后，总爱围着轮船嬉戏一番，它们或是用身体蹭船体，或是追逐着轮船激起的浪花。安东尼·阿尔珀斯认为，海豚可能是为了寻找某种刺激才和船只一起航行的。在阿尔珀斯研究的同时，一些海洋生物学家也在研究这个问题。他们把海豚喂养在水池中，昼夜不停地观察它们的活动习性。他们发现，海豚在池中游动时，时常用身体摩擦池中的一些人工礁石，或是在池子边缘蹭来蹭去。当他们有意识地用手抚摸海豚身体时，海豚就显得十分快活。

研究初步得出结论，海豚之所以在船只航行中为船员领航，是由于它们能从航行激起的浪花或是用身体蹭船体的过程中，得到一种刺激，这种刺激会使它们感到舒适。这个结论与阿尔珀斯的结论几乎完全相同。这是不是正确的解释呢？现在还很难下定论。

知识外延

海豚是体型较小的鲸类，共有近62种，分布于世界各大洋，海豚嘴部一般是尖的，上下颌各有约101颗尖细的牙齿，主要以小鱼、乌贼、虾、蟹为食。是一种本领超群、聪明伶俐的海中哺乳动物。

擅长变脸的章鱼

小/档/案

发生时间：不详

发生地点：海底

"变脸"可以说是川剧最精彩的一幕，而今已成了川剧的招牌剧目。川剧之所以需要变脸，主要是想借具体可见的脸谱颜色及图案的变化，来反映剧中人物不可见的内心思想情感的变化。这样的用意和做法不由让人想起大海里善变的章鱼。

章鱼也是会变脸的。但章鱼的"变脸"并非花工夫"苦心练习"，而是近乎本能的一种绝活，是因愤怒、恐惧、兴奋等情绪变化而变脸的。章鱼变脸的秘密在于，它身上有数十万个可以透过体表的改变颜色和图案的色素细胞。这些色素细胞各含有黄、橘、红、棕、黑等单一色素，每个色素细胞由肌肉包围，肌肉收缩时，色素细胞即扩张而显现颜色；肌肉放松时，色素细胞即收缩，颜色跟着消失。而肌肉是由大脑神经来控制的，不同的情绪产生不同的神经冲动，大脑下令立刻引起各部位肌肉的收缩与放松，随之相应的色素细胞就发生了扩张和收缩的变化，因而产生各式各样的色彩和图案。

对章鱼体色及图案变化的摄影研究显示，其改变速度平均为每分钟2.95次，最快的纪录是在16秒内改变11次。章鱼不仅可以改变体色，甚至能改变皮肤的表质，瞬间从平滑变成凹凸不平或颗粒状。这种"变脸"主要是想让攻击者因此感到惊讶而退缩，而章鱼则在对方迟疑时乘隙溜走。此外，章鱼的身体里面有墨囊，而且所含的墨汁也是含有毒素的。也就是说章鱼不但可以借助变脸的技巧用来防御敌人，而且还可以用有毒的墨汁来进攻敌人。

其实，章鱼也不单单就只可以"变脸"，还可以"变身"。章鱼不只会随情绪而改变体色和表质，更会与时俱变、随环境而变。譬如它们会模仿周遭海藻或岩石的颜色、表质和

★ 章鱼

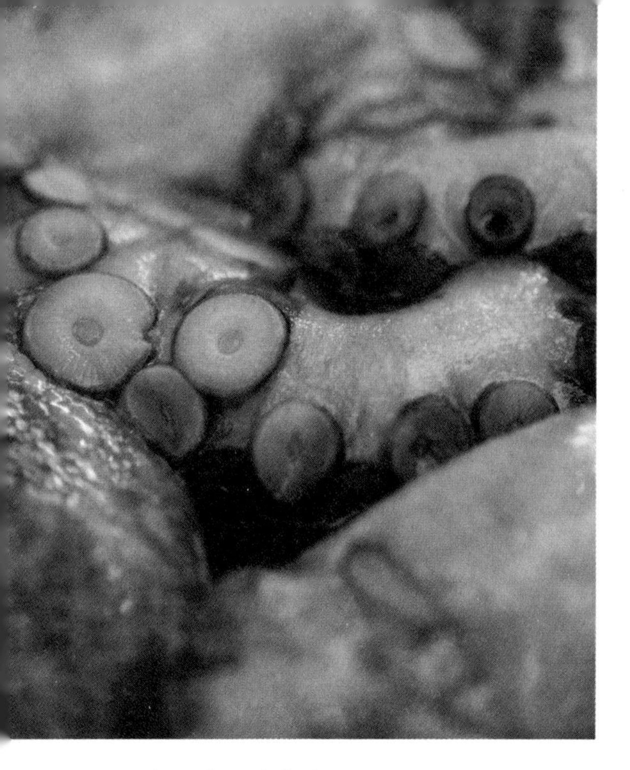

★ 章鱼的手臂

相关链接

章鱼属于头足类的动物，它的脚是生在头顶上。不过它只有八只脚，脚都很长，好像八条带子，所以渔民们都把它叫作“八爪鱼”。此外，在它的脚上长有吸着力很强的大吸盘。因为章鱼具有强有力的脚和吸盘，又有很好的防御工具，所以在海洋里和它相同大小的动物都会受到它的侵害。就连最大的、装备最好的螯虾，身体的大小虽然和章鱼差不多，但也难免要成为它的牺牲品。

形状，让它们看起来活像一团海藻或一块岩石，迅速融入经过或停留的背景中，与周遭环境浑然成为一体，这是自然界已知的最灵活的保护色。

在印尼海域有一种特殊的章鱼，它在遇险时可乔装成其他海洋生物躲避祸害，这种章鱼是目前唯一被人们发现的能乔装其他生物的海洋动物。这种章鱼能将其他生物模仿得惟妙惟肖，例如当它被小丑鱼袭击时，便会将它的八条腕足卷成一条，扮成海蛇吓退敌人；或者收起腕足，模仿成一条全身长满含有剧毒腺的鱼，降低袭击者的胃口，从而脱身；再就是伸展腕足，扮成有斑纹和毒鳍刺的狮子鱼，使敌人望而生畏。

那么章鱼的伪装技术是如何完成的呢？科学家发现，章鱼有8条腕足，每一条都具有发达的神经系统，可不受大脑约束，并且控制腕足末梢的伸缩流程。章鱼大脑的作用在某种程度上类似公司的首席执行官，只做重大决定，细节问题的处理权则交给下属。

也许人类想得到的或者渴望能够拥有的某种能力，造物主都想过而且加以完成了，只是将它给了别种动物，例如会变化的章鱼。

知识外延

相传“变脸”是古代人类面对凶猛的野兽，为了生存把自己脸部用不同的方式勾画出不同形态，以吓唬入侵的野兽。川剧把“变脸”搬上舞台，用绝妙的技巧使它成为一门独特的艺术文化。变脸是运用在川剧艺术中塑造人物的一种特技，是揭示剧中人物内心思想感情的一种浪漫主义手法。

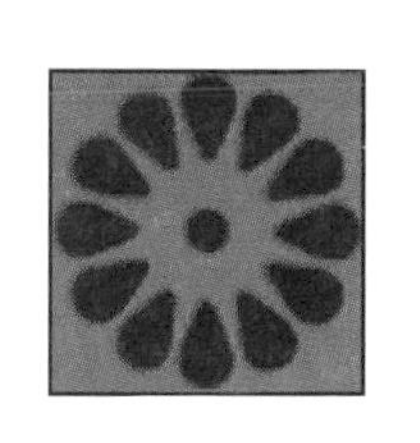

洄游的鱼类

小/档/案

发生时间：100年以前
发生地点：巴拉克拉夫海港

鱼类因生理要求、遗传和外界环境因素等影响，引起周期性的定向往返移动。洄游是鱼类在系统发生过程中形成的一种特征，是鱼类对环境的一种长期适应，它能使种群获得更有利的生存条件，更好地繁衍后代。

鱼类洄游现象早已被人类发现。每年到了一定的季节，鱼类就成群结队地进行洄游，它们游经的路线和群集产卵、索饵、越冬的地点就是大好的捕捞场所，形成我们常说的“渔汛”。人们利用这一发现谋取了很多经济利益。

在许多情况下，洄游的鱼类是成群结队的。例如黑海里的鳀鱼，就是著名的例子。成群结队的海鸥，常因饱食了拥挤在海面的鳀鱼而不能飞翔，有时鱼群大量游来，竟使海湾淤塞。一百年前，巴拉克拉夫海港，曾因大量鳀鱼拥进，挤得水泄不通，大量的鱼因而闷死腐烂，臭气弥漫，竟

★ 生活在海底世界的鱼类

相关链接

鱼类洄游分为多种，按洄游的动力，可分为被动洄游和主动洄游；按洄游的方向，可分为向陆洄游和离陆洄游、降河（海）洄游和溯河洄游等；根据生命活动过程中的作用可划分为生殖洄游、索饵洄游和越冬洄游。这三种洄游共同组成鱼类的洄游周期。

然成灾，成了世界奇闻。

科学家们发现，鱼类洄游这一问题越研究越复杂，与研究候鸟迁飞的问题不一样，因为候鸟迁飞可以考虑太阳、星辰、磁场等因素，但鱼类洄游，这些因素并不能很好解释。

鱼类产生洄游的原因，是由于鱼类本身的生理要求，包括对饵料丰富水域、适宜的产卵地或越冬场所的追求。影响鱼类洄游的环境因子有水流、地形、温度、盐度、水质、光线等，其中水流是对洄游的定向起决定性作用的因子。但是什么原因使在海中漫游了数年之久的洄游鱼准确地找回到它的故乡呢？

在鱼的世界里，有些鱼类如鲑鱼、鳗鱼和鲱鱼等，就像候鸟一样，在大海里成长，在淡水河流里繁殖。让人费解的是，这些鱼在万里水域中洄游，它们既看不到星星，也无法利用地形目标，它们是怎样辨认出往返的路线的呢？这使科学家们大伤脑筋。

例如鲑鱼，它出生在淡水江河里，生长发育却是在遥远的大海里，这段路程足有上千里，甚至上万里。它们为了回故乡产卵，不得不穿越一道道激流险滩。当它们回到故乡后一个个已经累得筋疲力尽，产完卵后，就该寿终正寝了。问题是它的洄游不是在短期内，往往需要几年才能返回一次。因为一条鲑鱼在江河里出生后，到大海里生长，需三四年才能够性腺成熟，返回江河里来产卵。事隔这么多年它怎么还能记住洄游的路线呢！

★ 鲑鱼

一些动物学家从水流、气温、饵料等方面来探讨鱼类洄游的原因。最近由于鱼类“识别外激素”的发现，把这一问题的研究推进了一步。这种物质可以使鱼之间区别同一种类的不同个体。比如母鱼产仔后，就会放出这种物质，幼鱼嗅到后，就会自动待在一定的水域，以利于母亲进行照料和保护；相反，幼鱼也会放出这种物质，以便母亲相认。有人分析，会不会在鱼类出生的地方有着某种特异的气味，把千里以外的鱼吸引回来呢?

但令人不解的是，这种气味能存在三四年吗？它们洄游有海路也有江河，难道这种气味就不发生变化吗？因此有人猜测，除了这种“识别外激素”之外，还应有一种东西作用于鱼类的洄游。那么，这种东西是什么呢？相信终有一天会有答案的。

知识外延

渔汛：海洋渔业中指某种鱼类或其他水生动物在某一水域高度密集，有利于大量捕捞的时期。因鱼类和其他水生动物由于生理、遗传以及外界环境因素，形成有规律的产卵、洄游、密集滞留而形成。以其出现的季节不同，有春汛、冬汛之分。

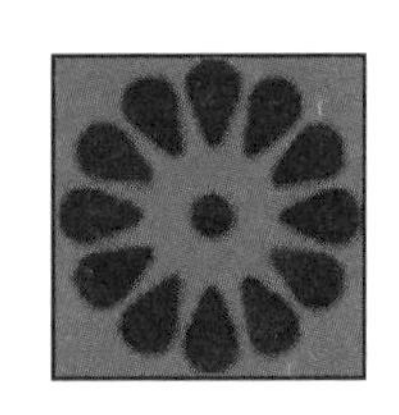

“老寿星”海龟

小/档/案

发现时间：1971年
发现地点：长江

“龟龄鹤寿”是中国人对长寿的比喻。鹤能活多少年、是不是长寿，我们不得而知，但乌龟长寿却是妇孺皆知，从无疑义。但乌龟为什么长寿？能说清楚的人恐怕就不多。科学家们从不同的角度研究乌龟长寿的原因，有的从新陈代谢快慢的角度解释，有的从个体大小的角度找原因，有的从食物荤素的角度找例证……不一而足。到底是什么原因，还没有结论。人们都管龟叫动物世界里的“老寿星”。那么，龟的寿命到底有多长呢？

根据报道，一位西班牙海员曾经捕到一只海龟，长达两米，重34公斤，有专家说它已经活了250年了。另外一位韩国渔民在沿海抓到过一只海龟，1.5米，重90公斤，背甲上附着很多牡蛎和苔藓，估计寿命为700岁。它可以说是龟类家族的“老寿星”了。但这只是估计的岁数，它不能精确反映龟的实际寿命。有记录可查的才是比较准确的。

1971年，人们在长江里捕获过一只大头龟，它的背甲上刻有“道光二十年”（1840年）字样，这分明是记事用的。这一年，中国发生了鸦片战争。也就是说，从刻字的那年算起，到捕获的时候为止，这只龟至少已经活了132年了。它的标本至今还保存在上海自然博物馆里。另外，还有一只龟，据说经过七代人的饲养，一直到抗日战争的时候才中断，它的饲

★ 牡蛎

★ 海龟

养时间足足有300年左右了。

乌龟应该是这个世界上最长寿的动物了。龟虽然是动物世界中的“长寿冠军”，但在龟类王国里，不同种类的龟，它们的寿命也是有长有短的。有的龟能活100岁以上，有的龟只能活15年左右。即使是一些长寿的龟种，事实上，也不可能个个都“长命百岁”。因为从它们诞生的那天起，疾病和敌害就时刻威胁着它们。另外，海洋环境污染和人类过量捕杀，也在危害它们的生命。

人们虽然知道龟是长寿动物，但对龟的长寿原因却说法不一。

有的科学家认为，龟的寿命与龟的个子大小有关。个头大的龟寿命就长，个头小的龟寿命就短。有记录可查的长寿龟，像海龟和象龟都是龟类家庭的大个子。我国上海自然博物馆的动物学家不同意这个观点，因为前边提到过的那只大头龟的个头就不大，可它至少已经活了132年了，这又怎么解释呢？

有些动物学家和养龟专家认为，吃素的龟要比吃肉或杂食的龟寿命长。比如，生活在太平洋和印度洋热带岛屿上的象龟，是世界上最大的陆生龟，它们以青草、野果和仙人掌为食，所以寿命特别长，可以活到300岁，是大家公认的长寿龟。但另一些龟类研究人员却认为不一定。比如以蛇、鱼、蠕虫为食的大头龟和一些杂食性的龟，寿命也有超过100岁的。

最近，一些科学家还从细胞学、解剖学、生理学等方面去研究龟的长寿秘密。有的生物学家选了一组寿命

相关链接

海洋里生存着7种海龟：棱皮龟、蠵龟、玳瑁、橄榄绿鳞龟、绿海龟、丽龟和平背海龟。海龟是存在了1亿年的史前爬行动物。海龟有鳞质的外壳，尽管可以在水下待上几个小时，但还是要浮上海面调节体温和呼吸。海龟最独特的地方就是龟壳。它可以保护海龟不受侵犯，让它们在海底自由游动。除了棱皮龟，所有的海龟都有壳。

★ 青草

较长的龟和另一组寿命不太长的普通龟，作为对比实验材料。研究结果表明，寿命较长的龟细胞繁殖代数普遍较多。这就说明，龟的细胞繁殖代数多少，跟龟的寿命长短有密切关系。

有的动物解剖学家和医学家还检查了龟的心脏，龟的心脏被取出来之后，竟然还能跳动整整两天。这说明龟的心脏机能较强，跟龟的寿命长也有直接关系。

还有的科学家认为，龟的长寿，跟它的行动迟缓、新陈代谢较低和具有耐旱耐饥的生理机能有密切关系。

总之，科学家们从不同角度探索和研究龟的长寿原因，得出的结果也不一样，至于究竟是什么原因，还需要进一步研究。

知识外延

象龟在生物分类学上是爬虫纲象龟属的俗称，是陆生龟类中最大的一种，以腿粗像象脚而得名。分布于非洲、美洲、亚洲及若干位于大洋洲的岛屿上。它们主要吃植物，特别是深绿色的植物。以它们的外骨骼（龟壳）量度身长，龟象属的品种是世界上最大型的陆龟，特别是加拉帕戈斯象龟，其身长可达1.8米。常栖息于山地泥沼、草地。干旱季节栖于多雾山顶。以青草、野果和仙人掌等为食。象龟属包括12个品种。

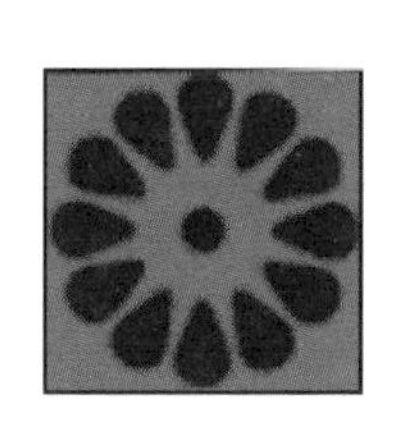

鲸鱼集体自杀事件

发生时间：1970 年、1946 年

发生地点：新西兰的奥基塔海滨浴场和阿根廷的滨海城市马德普拉塔的海滨浴场。

在人类相约保护动物以来，没有什么比鲸鱼集体搁浅而亡更令人触目惊心的了。人们曾对搁浅的鲸鱼施行过各种抢救措施，但收效甚微。所以，人们急于知道这些鲸鱼集体搁浅的原因，而科学家们也纷纷贡献智慧和研究成果，但至今仍不得要领。

我们经常看到这样的新闻报道：大批鲸鱼自杀。也就是鲸类单个地或成群结队地游向海滩，然后好端端地在海滩上搁浅，接着，它们不断地拍打尾部，挣扎着，过了一段时间，当击岸的海浪沿着浅滩从它们的身边退走时，这些动物还来得及大口地喝足水，并且侧转身子，趁喷气孔没入水中时进行呼吸。之后，随着鲸尾的拍击更加猛烈，它们的身子越来越深地陷入了沙土之中，最后死去。遇险的鲸群大声呼喊，抹香鲸的喊声最大，有时候，几百头鲸同时在海滩上自杀，呼喊声震耳欲聋。

抹香鲸中最大的一次“自杀”行动，发生于1970 年3 月18 日，在新西兰海岸离吉斯伯恩港3海里的奥基塔海滨浴场。当时海面起了风暴，两小时之内，在数百米沙质海岸上搁浅了46头雌鲸、13 头雄鲸。在搁浅干死的鲸群中，没有见到完全成年的雄鲸；在雌鲸中，10 头是未达到性成熟的，36头是达到性成熟的，而且其中两头带有刚出生的幼鲸，幼鲸的长度分别为2.4米（雄性）和4.6 米（雌性）。

怎样解释如此离奇的事件呢？人

★ 可爱的大白鲸

相关链接

鲸是生活在海洋中的哺乳动物，是世界上存在的哺乳动物中体形最大的，不属于鱼类。鲸的祖先生活在陆地上，后来环境发生了变化，鲸的祖先就生活在靠近陆地的浅海里。又经过了岁月的变迁，鲸类的前肢和尾巴渐渐成了鳍，后肢完全退化了，整个身子成了鱼的样子，适应了海洋的生活。

们提出了各种各样的假说。古时候有个叫普卢塔赫的学者，将鲸类搁浅事件与动物的自杀联系起来。现在的某些报刊，仍常常以此来解释大批鲸类“自杀”的事例。人们把上述现象或者归咎于领头的鲸的精神错乱，或者归咎于疾病，或者认为与起风暴期间或夜间沙岸附近浅水处的食料有关；有的则归之于天气恶劣所引起的饥饿，使动物精疲力竭；或者归之于狂风，把鲸类的食料吹到了接近岸边的危险区域；而有的则又用完全荒诞的理由来解释这一切。

1937 年，科学家对堪察加半岛海滩上鲸类死亡的情况发生了兴趣，并且确认，大幅度的水位变动（如显著的涨潮和退潮、暴风雨、海啸）可以导致鲸类搁浅。而且，如果带有障碍物、水下沙嘴、沙洲等使海底地势轻易地遭到毁坏，也会导致鲸类搁浅。只要趁着浪峰接近岸边的鲸一旦和倾斜的海底相接触，并且在这里待住，那么以后接连而来的细浪，就会冲来游泥和沙子，构成一道障壁，鲸类也就无法克服这一障壁了。

我们知道，鲸是具有很好的导航设备的，为什么它们有这样先进的定位装置，还会搁浅遇难呢？是它们的定位装置失灵了，还是有其他什么原因呢？

一位叫杜多克的荷兰科学家认为，鲸的“自杀”是由于鲸的定位装置发生故障的结果。鲸类搁浅多发生在暴风雨的时候，这时海底升起大量的气泡和泥沙，从而使鲸的回声定位装置工作受阻，受到迷惑和干扰。这样的情况又多发生在倾斜的沙海底，在那里鲸最容易搁浅。

杜多克只是对单独遇难的鲸做了分析与推断，但是大多数遇难的鲸是成群成伙地发生，难道它们的定位装置都发生了故障？

1946 年10 月10 日，在阿根廷的滨海城市马德普拉塔的海滨浴场，835 头伪虎鲸搁浅，开始时只有几头伪虎鲸搁浅，不久便遍及一群，在这群中大多数是雌鲸，还有一些幼鲸，当天就死去了绝大多数，少数几头活到第二天。这恐怕是鲸搁浅规模最大的一次了。

通过对上述事例的分析，可以推断出鲸搁浅的原因，即：一头鲸由于错误而进入浅滩，受到了生命威胁，由于世代群居的生活方式影响，它发出了求救信号。群体中其他鲸收到信号后，就按固有的保护同伙的本能前去救援，结果自己也陷入灭顶之灾，它们没有思维的意识，只是本能的驱使，结果形成连锁反应，最后使整个鲸群遭难。这也许就是鲸集体“自杀”现象最合理的解释吧。可是，鲸类中还存在着另一种“自杀”。它们生活在海洋水族馆里，一切都在人的照料下生活，但仍发生“自杀”现象，这就更加令人费解了。

几百年来，人们记录到鲸类“自杀”现象屡屡发生。是什么原因使它们舍生求死，虽然现在人们可以解释个别现象，但始终未能真正地解开这个奥秘。随着科学的进步，鲸类自杀之谜也会迎刃而解的。

知识外延

抹香鲸是世界上最大的齿鲸。它们在所有鲸类中潜得最深、最久，因此号称为动物王国中的“潜水冠军”。可能只有喙鲸科的两种瓶鼻鲸在潜水方面能与之比拟。除了过去被视为头号目标的捕鲸时期以外，抹香鲸可能是大型鲸中数量最多的一种。

★ 虎鲸

海洋孕育了生命，创造了文明，也蕴藏着巨大的破坏力。海洋是美丽富饶的，但又是残酷无情的。前一刻她还是平静温柔，转眼间便风云变色。那可惧的台风、飓风、恐怖的海啸、无情的风浪、迷蒙的海雾、“魔鬼”般的冰山、幽灵般的厄尔尼诺等等，随时可能带来灾难，瞬间让生灵涂炭。

科学探索丛书

第四章

变幻莫测的海洋灾难

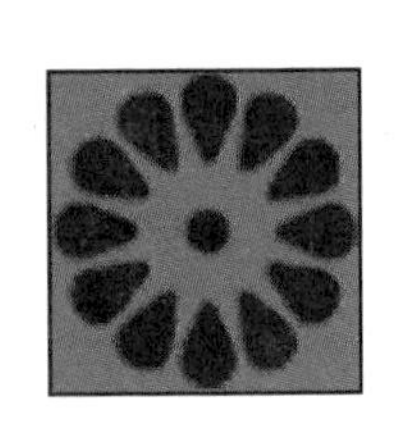

残酷无情的大海啸

小/档/案

时间：2004年12月26日

地点：印度尼西亚苏门答腊岛

灾情：历史记载，世界上已经发生了近5000次程度不同的破坏性海啸。

海啸被称为地球的终极毁灭者，是一种具有强大破坏力的海浪。是由风暴或海底地震造成的海面恶浪并伴随巨响的现象，是地球上最强大的自然力。

受台风和低气压的影响，海面会掀起巨浪，虽然有时高达数米，但浪幅有限，由数米到数百米，因此冲击岸边的海水量也有限。海啸也是侵袭沿岸地区的巨大海浪，不过它的来源与风暴潮完全不同。风暴潮的动力是大气运动，海啸则是“无风起浪”，动力来自地下的运动——地震、火山等因素造成的海底地形变动。不过有一个例外，那就是水下核爆导致的人工海啸。

从有关数据来看，海啸的特征之一是速度快，海啸和喷气机速度差不多，每小时可达800千米，移动到水深10米的地方，时速放慢，变为40千米。由于前浪减速，后浪推过来发生重叠，因此海啸到岸边波浪升高，如果沿岸海底地形呈V字形，海啸掀起的海浪会更高。

在离岸较远的地方，由于浪峰不高、波长很长，海啸的海浪并不明显，也没有什么危害。但当海啸进入沿岸海域后，由于深度急剧变浅，能量集中，浪高骤然增大，高度可达十

★ 在地震或海啸前后，海面上出现发光现象

多米至几十米不等，形成“水墙”。另外，海啸波长很大，可以传播几千千米而能量损失很小。当海啸高达2米，木制房屋会瞬间遭到破坏；海啸高达20米以上，钢筋水泥建筑物也难以招架。所以当人们发现海啸时再逃为时已晚，因此，一旦发生地震要马上离开海岸，到高处安全的地方。

如果海啸到达岸边，“水墙”就会冲上陆地，以摧枯拉朽之势，越过海岸线，越过田野，迅猛地袭击着岸边的城市和村庄，瞬时，人们都会消失在巨浪中。港口所有设施，被震塌的建筑物，在狂涛的洗劫下，被席卷一空。

2004年12月26日，印度尼西亚苏门答腊岛发生强达里氏9.1–9.3级大地震，持续时间长达10分钟。此次地震引发了大规模海啸，甚至危及到远在索马里的海岸居民。这次灾难中造成重大的人员伤亡。据统计，已有超过30万人死亡，200多万人无家可归。这可能是近两个世纪以来死伤最为惨重的海啸灾难。海啸发生后，人们纷纷研究海啸发生和造成如此惨重损失的原因，一时间各种猜测横空出世。

首先，有人提出阴谋论。阴谋论者认为是一种绝密生态武器的实验引起了地震，这种绝密武器可以通过电磁波控制地震的发生，从而引起海啸。他们认为印度、美国等国预先知道即将发生海啸，却不予以制止，似乎在掩盖什么。因为海啸前，美国曾经接到海啸警报，但是美国只是向它在印度洋的军事基地发出了警告，并没有向亚洲国家发出警报，因此美国

相关链接

海啸可分为四种类型。即由气象变化引起的风暴潮、火山爆发引起的火山海啸、海底滑坡引起的滑坡海啸和海底地震引起的地震海啸。人们最常见的海啸，多由海底地震引起。

的军事基地在那场海啸中没有受到损失。但是科学家说世界上还没有一种生态武器可以引起地震或强烈的海啸。况且，人为操纵的爆炸和地震之间有着天壤之别，因此阴谋论根本是无稽之谈。

其次是人为原因。科学家对损失惨重的斯里兰卡附近海域进行研究后称，印度洋海啸之所以造成如此大的伤亡与当地珊瑚被大量非法盗走与开采有关。因为珊瑚礁可以有效阻止海浪的冲击，并使其明显降低高度，但是斯里兰卡西南部的珊瑚礁群基本上都被破坏，失去了天然的“围墙”，海啸引发的滔天巨浪就可以“乘虚而入”了。而在印度洋沿岸珊瑚礁保护较好的岛屿却没有受到特别惨重的损失。因此有人说，珊瑚礁被破坏是印度洋海啸造成重大灾难的一个原因。此外，为了吸引旅游，很多的房屋建筑被建在离海岸较近的地方，这也让一些看到海啸的人来不及逃脱而被海浪吞没。

最后还有认为是地层骤裂，巨能骤释的原因。海底出现垂直断层、震级达到里氏6.5级时，就可能形成破坏性的海啸。海啸发生区域基本上与地震带一致。由于环太平洋地震带活动剧烈，而印度洋较为平静，人们一度认为海啸是环太平洋地区的特殊灾害。而科学家研究发现，引发印度洋海啸的直接原因是印度洋板块和亚洲板块相互挤压，引发强烈地震；地震又使地层断裂，巨大的能量骤然爆发出来，从而引起了海啸。鉴于苏门答腊岛的特殊位置（位于亚欧板块的西南边缘，属于地中海—喜马拉雅地震带），地层骤裂，巨能骤释导致地震引起的海啸，最有说服力。

如果第一种原因不存在，最大的原因是无可避免的地壳板块运动，而人为破坏环境等原因无形中加重了人员的伤亡和经济损失。那么，印度洋海啸的发生是给人类敲响了警钟。如果我们善待自然，适量地向大自然索取，并及时在地震带建立较为完善的海啸预报系统，就不会造成如此惨重的损失。

知识外延

印度尼西亚苏门答腊岛呈西北—东南走向，在中间与赤道相交叉，由西部巴里散山脉和东部的沼泽地两个地区组成。苏门答腊岛位于亚欧板块的西南边缘，该岛以北地区位于印度洋板块边缘，是地壳活动频繁的地方，属于地中海—喜马拉雅地震带，该岛地震频发。

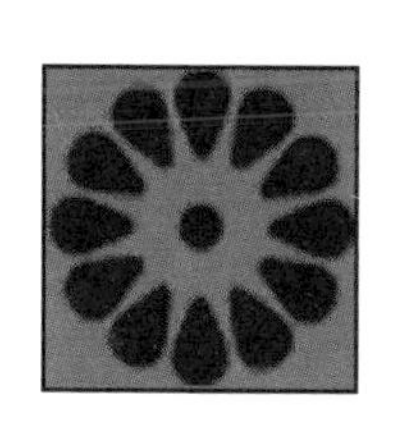

狂卷海洋的台风/飓风

小/档/案

时间：2005 年8月25—31日

地点：美国佛罗里达州及墨西哥湾沿海地区

灾情：经济损失达340多亿美元

风，简而言之就是由冷热气压分布不均匀而产生的空气流动现象，属于很正常的大自然现象。但是台风或飓风就是灾害了。台风/飓风一般伴随强风、暴雨，会损坏乃至摧毁建筑物，暴雨导致洪水。在海岸边，风还会使水位上涨，形成风暴潮。严重威胁人们的生命财产，对于民生、农业、经济等造成极大的冲击，是一种影响较大、危害严重的自然灾害。

在热带海洋上空，海水蒸发得很快，空气温暖潮湿并且活动剧烈，很容易产生旋转的气团，就像急速流动的江河水里容易产生旋涡，形成台风/飓风。它们从海洋里吸取了大量的热，急速旋转并移动，沿途带来暴风骤雨。因为发生的地点不同而叫法不同：在美国一带称飓风；在菲律宾、中国、日本、东亚一带叫台风；在南半球称旋风。

台风/飓风有着复杂的结构，中央是相对平静的风眼，由浓云密布的厚厚云墙包围，外面就是空气急速运动、风雨交加的区域。典型的台风/飓风，每天以降雨形式释放的热量，可达全世界发电能力的200倍，而仅以大风释放的能量，也达到全世界发电能力的一半。但是强大的能量缓慢释放出来是能源，迅速释放便是灾害。

2005 年8月25日，“卡特里娜”飓风横扫美国佛罗里达州及墨西哥湾

★ 狂卷海洋的台风

沿海地区。飓风夹着暴雨，肆虐在海滨城市街道间，所经之处，电力中断、道路淹没，并使美国新奥尔良市防洪堤决口，市内80%的地区成为一片“汪洋”，造成1200多人死亡。飓风造成了墨西哥湾附近三分之一以上油田被迫关闭，七座炼油厂和一座美国重要原油出口设施也不得不暂时停工。上万名灾民躲在新奥尔良的超级穹顶体育馆和新奥尔良市的会议中心。为了把这些难民疏散到离这里500多千米的休斯敦临时收容所，州政府动用了400多辆公共汽车。最终这场大灾难给美国造成经济损失达340多亿美元，成为美国历史上最严重的一次自然灾害。

到底是什么原因让飓风越来越“猖獗”了呢？近些年来全球气候变暖，对生态环境造成了一定的影响。台风／飓风的频繁发威是不是与此有关呢？2005年的大西洋飓风的罪魁祸首是不是全球变暖呢？

一些科学家认为全球变暖可以显著加强台风活动，并且已经导致了更强烈的台风活动。科学家认为全球热带气旋在过去的30年里总体有显著增强的趋势。而且这种趋势与热带气

★ 飓风

相关链接

“卡特里娜”飓风引发了人祸，为了抢夺水和粮食，一伙抢掠者冲进一家商店，抢走储存在那里的冰块、水和食物。还有的抢掠者劫持了警方装满了食物的卡车。还有很多抢掠者偷走了很多汽车的电池和音响。随后美国派出几百名警察进驻新奥尔良市，全面维持近乎瘫痪的秩序。

旋发生发展区域的海温升高趋势相吻合；全球热带海温升高似乎是唯一能解释全球强热带气旋（4～5级飓风强度）过去三十年在不同海域显著增加的因素；全球热带海温升高可以从理论上说明强热带气旋增加的物理机制；动力模型显示，在全球变暖气候背景下，强热带气旋发生频率有增加的趋势。

20世纪四五十年代热带飓风的不规则性可以解释为自然波动；而20世纪70年代到90年代初，二氧化碳排放量的积累改变了自然轨迹，对大气的影响表现为飓风在数量和强度上的变化。

但也有一部分科学家不以为然，他们认为这是夸大其词，全球变暖对热带气旋自然是有影响的，但是没有前者所说的那么明显和严重，至少到目前为止科学家还尚无充分的证据，证明全球变暖已经造成了更多的强热带气旋。毕竟三十年无法说明长期的热带气旋变化趋势。由于全球变暖同时使对流层上部增暖等因素，将完全或部分抵消海温增暖对热带气旋的强度变化的影响；至于当前气候系统的内在周期变化，我们可以解释过去三十年的热带气旋频率及强度变化。

而今，台风/飓风历史资料的记载时间和可靠性还不能满足现在的研究需要。毕竟可靠的历史资料并没有记述详细，那么，将这些资料对研究全球变暖这样的长过程，与台风/飓风的影响联系到一起，自然是很牵强的。另外，科学界对台风活动强弱的定量计算没有一个公认标准。而对于西太平洋的台风来说，全球变暖所引起的哪些气候变化和台风/飓风活动有关系还不明确，因此说全球变暖对台风有影响这个结论还为时过早。

无论是什么原因引起的台风/飓风猖獗现象，结果都是严重地损失了人们的利益，甚至引发了社会问题，令人不得不感到恐怖。

知识外延

飓风一词源自加勒比海言语的“恶魔”Hurican，也有人说是玛雅人神话中创世众神的其中一位，就是雷暴与旋风之神Hurakan。而台风一词则源自希腊神话中大地之母盖亚之子Typhon，它是一头长有一百个龙头的魔物，传说它就是可怕的大风。

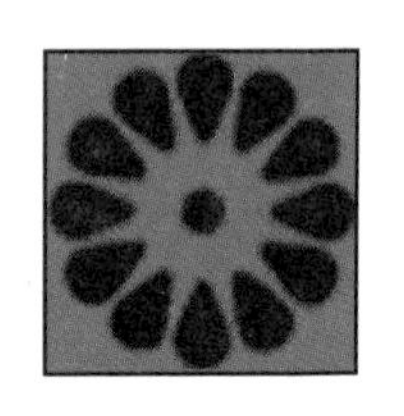

灾难性海浪

小/档/案

时间：自古以来

地点：海底有火山、地震的地方，以及受海啸、厄尔尼诺现象、风暴潮、台风、飓风等影响的海域。

灾难：近20年来，每年沉船事故平均242艘152万吨，其中80%是狂风巨浪造成的；60余座石油平台被狂浪袭击沉没；已造成巨大的人员伤亡。

在海面上海浪是最常见的了，海浪在海上可以水平方向传播，也能垂直向海底传播。在水平方向上海浪传播可以跋涉万里，海浪在水平方向上能传播如此之远，并维持它的一定波高，海浪的威力是巨大的。

灾害性海浪在海上主要给航海、海上施工、渔业捕捞和海上军事活动等带来灾害。海上引起灾害的海浪，一般是指波高为6米以上的海浪。不过对于船只危害还要考虑船只的性能，不同性能的船只抗御的海浪大小也不一样。没有动力的帆船以及小马力的机帆船，3米波高的海浪足以构成威胁；千吨以上至万吨的船舶，其抗浪能力又增强了，至于现代化的十几万吨、几十万吨的巨型船舶，只有特大的9米波高以上的巨浪，才能造成危害。

★ 波涛翻滚的大海

相关链接

海浪的表现形势分为三种：风浪、涌浪、近岸浪。常言道“无风不起浪”，由风引起的浪为风浪，通常风力达到5级时，海面上就会出现“白浪”。出现在海面上的风浪外形很不规则，杂乱无章，大小不一，前后起伏，就是后浪拍前浪的形式。“无风三尺浪”是涌浪的写照，即当风停止后，海面仍有剩余的浪，它可以离开风的作用区域，继续向外传播。而当风浪或涌浪传至岸边浅水区时，受海底摩擦作用，能量衰减很快，几乎成为一条直线，这种浪称为近岸浪。

灾害性海浪主要是通过引起船舶横摇、纵摇和垂直运动，影响船舶的航行，会造成在浅水中航行的船舶触底碰礁，或是使机器工作不正常而引起失控，或是使船舶倾覆。当海浪波长与船的长度相近时，由于船舶的自重会造成万吨巨轮拦腰折断。

自有海难记录，200多年以来，全球已有100多万艘大中型船舶遭受巨浪狂风袭击沉没。尤其是在古代，由于船舶性能、通讯条件、导航设备的不足，船舶在海面上很难掌握巨浪的动向，故而经常出现重大海难事故。

史书记载，公元1281年6月忽必烈率10多万军队，4400多艘战舰，在与日本作战途中，忽遇台风巨浪，使所有战舰全部翻沉毁坏，10多万军队被葬身海底，活着逃回的仅3人。即使现代各种航行条件都较完善的情况下，重大海难仍不可避免，第二次世界大战中，英美海军在诺曼底登陆，就由于一次不大的风暴损失700艘登陆艇。海浪大多数是从侧面掀翻船舶的，但也发生过多次巨浪将船体拦腰截断的惨剧。1952年底一艘美国船就曾在意大利海岸附近被巨浪折成两半。1994年9月27日，在波罗的海上航行的1.5万吨“爱沙尼亚”号渡轮，遇到波罗的海的狂风巨浪，仅仅15分钟渡轮沉了。幸存者只有220人，遇难总数约800多人，这是二次大战后欧洲发生的最大一次海难，是近年来最为引人注目的事件。

灾害性海浪到了近海和岸边不仅冲击摧毁沿海的堤岸、海塘、码头和各类建筑物，还伴随风暴潮，沉损船只、席卷人畜，并致使大片农作物受淹和各种水产养殖珍品受损。灾害性海浪传到近岸，受海底摩擦作用的影响，海浪能量集中表现在波压上，对海岸的压力，可达到每平方米30～50吨，这对海岸工程、沿岸设施的破坏是毁灭性的，有时海浪还会携带大量泥沙进入海港、航道，造成淤塞等灾害。据记载，在一次大风暴中，巨浪曾把1370吨重的混凝土块移动了10米，20吨的重物从4米深的海底被抛到了岸上。巨浪冲击海岸能激起60～70米高的水柱。

★ 波罗的海

锚定在海底的近海钻井石油平台，也难以抗御险恶的巨浪，近十几年因狂风巨浪平台遭受翻沉事故也屡有发生，平均每年1～2座，最多的一年曾高达8座。伤亡人数最多的一次是1980年3月27日夜晚位于墨西哥湾的“基兰”号石油平台被波涛吞没，遇难者达120多人。另一次是美国“爪哇海”号平台，在南海莺歌海作业时，遇到8.5米波高的狂浪袭击沉没，平台上中外人员无一生还。到目前为止，全世界因巨浪沉没的石油平台已达60余座。

海浪灾难如此之大，主要是由于其动力来源的强大。海底的火山、地震以及海啸、厄尔尼诺现象、风暴潮、台风飓风等都能在海面上掀起巨浪，导致灾难的产生。所以预防灾难性海浪，既要加强船舰、沿海设施的建设，更要做好自然灾难的预防工作。

知识外延

“睡浪”：一般是由多个波峰和波谷汇合而成，往往不易被船员发现。特别是夜晚时，正当船员们熟睡之际，遭到这种特大巨浪袭击，船舶会很快翻沉。因此，船员们常叫这种浪为“睡浪”。“睡浪”的最大波高可超过30米，当船首位于波谷突然下沉时，巨浪以压顶之势袭击过来，船只很难逃过这种灭顶之灾。一些在大洋中的船舶突然神秘失踪，很大可能是这种巨大“睡浪”造成的。

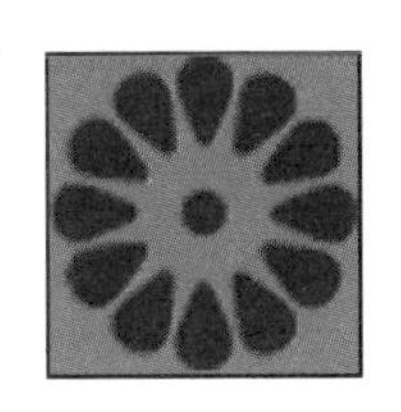

“风霸王”海龙卷

时间：1983年、2010年

地点：发生台风或飓风的海区。

灾难：全球每年平均发生各种龙卷风上千次，来去匆匆的龙卷风平均每年使数万人丧生。

龙卷风是大气中最强烈的涡旋现象，是一种小型旋转风，直径一般不超过1千米，小的龙卷风直径约25-100米，与直径1000千米的台风相比，看来无足轻重。龙卷风影响范围虽小，但破坏力极大。它往往使成片庄稼、成万株果木瞬间被毁，令交通中断，房屋倒塌，有时把人吸走，经过水库、河流常常是卷起冲天水柱，把水库、河流吸个精光，危害十分严重。

龙卷风根据它发生在陆地还是海上，可分为陆龙卷和海龙卷。海龙卷是一种发生于海面上的龙卷风，俗称龙吸水。它上端与雷雨云相接，下端直接延伸到水面，一边旋转，一边移动。海龙卷的直径一般比陆龙卷略小，其强度较大，维持时间较长，在海上往往是集群出现。

海龙卷的威力，主要是从其产生的条件来判断。其产生的条件有三：一是高温、高湿的空气。温度高低反映其热能的大小，空气湿度越大，越容易发生凝结现象。在高温和高湿的情况下，大量的潜热被释放出来，变成动能、位能。湿度和温度越大，变成的能量越大，海龙卷的威力越大。二是旺盛的积雨云。积雨云是强对流的产物，在强对流运动中易形成涡环。三是上升气流和下沉气流间的切变要大，也就是说两者气流方向相反，各自的速度要大，才能形成强切变。

在大洋上容易发生台风或飓风的海区，也容易发生海龙卷。当出现厄尔尼诺现象时，海龙卷发生的次数就

★ 雷电

会增多，显而易见，厄尔尼诺现象的出现，反映着太平洋东部赤道海区附近及其以南海域的大规模增温现象。20世纪最强的厄尔尼诺现象发生期间（1982年秋到1983年初夏），由于海面温度高出许多，海上的对流大大加强，墨西哥湾的海龙卷群出现特别频繁，1983年5月墨西哥湾出现的海龙卷群，在海上肆虐一番后，夹带着狂风暴雨，直袭美国南部的得克萨斯州和路易斯安那州，登陆后威力不减，吹

相关链接

海龙卷群：在海龙卷群中最成熟的要推“母龙卷气旋”，依次是龙卷气旋族、龙卷气旋、龙卷涡旋、龙卷漏斗、吸管涡旋，构成一个完整的家族。母龙卷气旋是由多个龙卷气旋组成的，它的作用范围在10～20公里，其威力属海龙卷之首。

★ 龙卷风

毁民宅、厂房、汽车和树木，造成两州伤亡100多人，接着又袭击邻近几个州，从美国南部到东北部，持续4天多，狂风大作的同时，还下起滂沱大雨，洪水泛滥，其造成的灾害不亚于飓风，可见在海上的船只如遇上海龙卷，其后果是难以想象的。

如果海上龙卷风强度较小，那么在海面上会呈现另一番壮观的美景。2010年7月26日，深圳湾海面出现较为罕见的“龙吸水”，水天相接的“龙吸水”持续约17分钟。当时在深圳湾上空积雨云下方伸出漏斗形状的黑色云柱。8时57分云底下方垂直方向较粗大的漏斗云已经“接地”形成海龙卷，另有较细的一条在空中呈现弯曲“接地”并于2分钟后完全消失。大约在9时正西侧云底又向下垂直伸出黑色云柱，并在2分钟后迅速接地，吸起巨大水柱，持续了大约3分钟，稍后水面一端逐渐变细并向上收窄，最后于9时08分完全消失。“海龙卷”“接地”旋转了10多分钟。

海龙卷虽然可怕，但是也并非完全无法防御。海龙卷的移动路径一般为直线，是垂直向下的，但有时因上空风比地面风大，它的上部会顺气流方向倾斜。那么就可以根据海龙卷倾斜方向判断出其移动路径，采取措施避开，就可以免遭其迫害。

龙卷风：龙卷风外貌奇特，它上部是一块乌黑或浓灰的积雨云，下部是下垂着的形如大象鼻子的漏斗状云柱，其过程具有“小、快、猛、短”的特点。龙卷风速度快得惊人，每秒钟100米的风速不足为奇，有的甚至达到175米每秒钟，其速度比十二级台风还要大五六倍。这体现了它的“快而猛”。龙卷风的直径并不太大，一般只有25～100米，只有在极少数情况下才达到1000米以上；持续时间从形成到消失只有几分钟，最多几个小时。这体现了它的“小而短”。

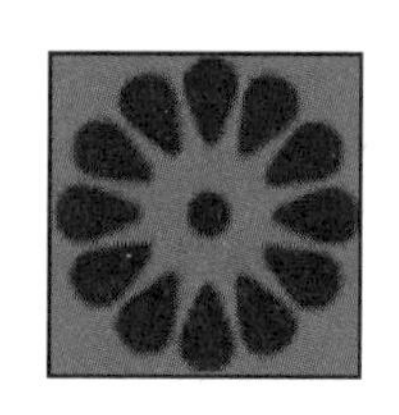

"无声杀手"海雾

小/档/案

时间：海雾多在春夏盛行，尤以夏季为最。

灾难：海上船舶碰撞有60%～70%是由海雾引起，飞机也常因大雾而迷失方向坠机。

在古代的诗词歌赋中，雾总是充满朦胧美的。而现实生活中，雾却给人们的生活带来了极大的不便，尤其是海雾。海雾是一种危险的天气现象，就像一层灰色的面纱笼罩在海面或沿岸低空，给海上交通和作业带来很大的麻烦。

海雾是海面低层大气中一种水蒸气凝结的天气现象。海雾是在特定的海洋水文和气象条件下形成的。低层大气处于稳定状态，近海面的空气就会由于水汽的增加以及温度的降低，逐渐达到饱和或过饱和状态。这时，以微细盐粒等吸湿性微粒为核心的水汽，就会不断凝结成细小的水滴、冰晶或两者的混合物，悬浮在海面以上几米、几十米乃至几百米低空；当凝结的水滴增大、数量增多，因为水滴能反射各种波长的光，所以常常使天空呈现为乳白色，当能见度进一步降低时，便形成雾。

根据海雾形成特征及所在海洋环境特点，可将海雾分为平流雾、混合雾、辐射雾和地形雾等四种类型。全球各海区的海雾，类型虽然很多，但其中范围大、影响严重的，首推平流冷却雾，而以中高纬度大西洋的纽芬兰岛为中心和以北太平洋千岛群岛为中心的两个带状雾区最为显著，以南印度洋爱德华王子群岛为中心的带状雾区也很突出。这些海域的海雾多

★ 海雾

相关链接

海雾等级：当水面能见度等于或大于1千米时，称为轻雾，水面能见距离50米以下为浓雾，50米～200米为厚雾，200米～500米为大雾。一般称雾，指能见距离为500米～1000米。

在春夏盛行，尤以夏季为最。其特点是雾浓，持续时间长，严重的大雾可持续1～2个月。在高纬度海区，或冰山、冰流外缘水域，常出现蒸发雾，这种雾浓度小，雾层薄，多变化，形似炊烟。但当它在春秋季节与平流冷却雾在中、高纬度海域交替出现时，也常构成大片浓雾区。

在雾中或能见度不良的海区、岛礁区航行，对出海的渔船安全威胁最大。因此，为了防止在雾中航行发生海难事故，船只尽量不要在雾中盲目地航行，以保障船只和人员的安全。

1993年5月2日清晨，我国浙江舟山群岛海域薄雾缭绕。这个季节正值冷暖气团在东海交汇的时期，海雾阵阵由南向北袭来，整个海上雾气蒙蒙，能见度极差。一艘3.8万吨的塞浦路斯籍“银角”号货轮，不顾雾天在繁忙航线上航行的规则，从侧面向正在进行勘察的“向阳红16”号船右舷撞击，导致考察船迅速沉没，造成近亿元的经济损失，并有3名科考人员与船体沉没海底。

由于长江口海区是我国沿海的一个多雾区，入春后至盛夏前，东海自南向北进入雾季。年平均雾日约60天，雾区可从沿岸向东延伸至东经126度附近，宽约300~400千米的范围，呈现出不规则的零碎雾块和雾堤，这里的海雾日变化也很明显，一般海雾多在夜间和清晨出现，中午最少。所以，在长江口发生浓雾撞船事件屡见不鲜。

此外，在我国最严重的海雾造成的灾害是1976年4月，青岛胶州湾内连续4天浓雾，在这期间就有3艘货轮，在同一块礁石上触礁，造成搁浅或沉船的严重事故。在国外的一些沿海地区，由于工业污染，甚至发生过严重的毒雾事件。

1995年2月13日清晨，一股浓密的大雾，笼罩在黑海、马尔马拉海和爱琴海一线。而且这不是一般的海雾，这种雾呈黄色，带有刺鼻的硫黄味，这是严重的空气污染造成的，是海峡两岸汽车废气和冬季取暖烧煤排出的废气，废气中含有大量二氧化硫，当海雾发生时，雾滴与二氧化硫微尘混合在一起，长时间徘徊在空气中，是一种带有毒素的海雾。由于这场浓密毒雾的出现，联结马尔马拉海和爱琴海的达达尼尔海峡的通道也关闭了，造成有1000万人口的伊斯坦布尔市的公路和空中交通相继中断，其影响是近几年来少见的。人类历史上最严重的毒雾灾害发生在1952年12月5~8日的

★ 笼罩在大雾中的伦敦

伦敦，在4天时间里，由于烟尘中的二氧化硫在逆温条件下形成的毒雾持续不散，使数以万计的伦敦市民感到呼吸不畅，患病者日益增多，最终因这场毒雾致死的人数高达4000多人。

海雾是海洋上的危险天气之一。它对海上航行和沿岸活动有直接影响，目前预测海雾的方法常用的有三种：

一是天气学方法，尽可能地考虑到各个水文气象要素的作用及其相互关系。一般来说，与海雾有关的水文气象要素，主要有风向、风速、降水、蒸发、气温、湿度、水温、海流和稳定度等。天气学方法预测海雾，就是寻求上述各要素与海雾生消的关系，结合天气形势的发展来预测海雾的变化。

二是统计学方法，也就是利用历史资料把水文气象要素与海雾的关系，进行时空分布统计，找出各种记录中的规律。

三是数值方法，由于海雾形成的因素很多，不能以一种数值模式反映海雾的形成过程。目前，预报部门制作海雾数值预报，是把辐射雾和平流雾分开考虑的。

海雾使航行的船只迷失航路，造成搁浅、碰撞等重大事故。在狭窄航道、近岸区发生的海难中，由海雾引发的事故占很大比重，可见海雾是航海的克星，也是一种频发的海洋灾害。空中飞行的飞机也常因遇到海雾而坠毁。海雾可谓是“无声的杀手”。不过做好预防工作还是有利于减少损失的。

知识外延

“向阳红16”号考察船是1981年建造的，排水量4400吨，最大航速19节，续航力达1万海里，抗风力12级。船上装有先进的通讯导航设备，以及海洋各学科的实验室和仪器，可在除极区以外的大洋海域进行海洋综合科学考察研究工作。船上配备的先进导航设备，在雾区航行没有问题。

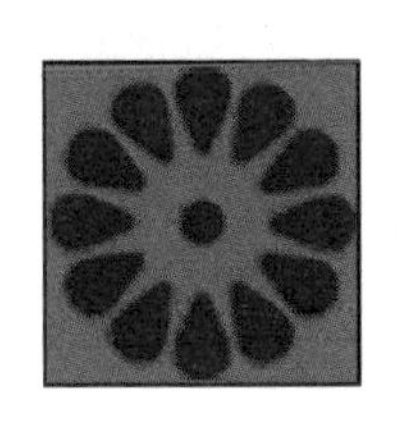

“气象海啸”风暴潮

小档案

时间：多见于春秋季或是夏秋季。

灾难：风暴潮灾害居海洋灾害之首位，世界上绝大多数因强风暴引起的特大海岸灾害都是由风暴潮造成的。

风暴潮又称“风暴增水”、“风暴海啸”、“气象海啸”或“风潮”。这是一种灾害性的自然现象。由于剧烈的大气扰动，如强风和气压骤变导致海水异常升降，使受其影响的海区的潮位大大地超过平常潮位的现象。

风暴潮根据风暴的性质分为两大类，由温带气旋引起的温带风暴潮，以及由台风引起的台风风暴潮。温带风暴潮，多发生于春秋季节，夏季也时有发生。发生时增水过程比较平缓，增水高度偏低。主要发生在中纬度沿海地区，以欧洲北海沿岸、美国东海岸以及我国北方海区沿岸为多。台风风暴潮，多见于夏秋季节。发生时来势凶猛、速度极快、强度很大、破坏力很强。因为由台风引起，所以多发生在有台风影响的海洋国家、沿海地区。

风暴潮灾害居海洋灾害之首位，世界上绝大多数因强风暴引起的特大海岸灾害都是由风暴潮造成的。但是并不是所有的风暴潮都能成灾，风暴潮的成因主要是大风引起的增水和天文大潮高潮的叠加结果。如果最大风暴潮位恰与天文大潮的高潮相叠，则会导致发生特大潮灾。当然，如果风暴潮位非常高，虽然未遇天文大潮或高潮，也会造成严重潮灾。此外，风暴潮的灾害程度也决定于受灾地区的地理位置、海岸形状、岸上及海底地形，尤其是滨海地区的社会及经济情

相关链接

根据风暴潮专家的意见，一般把风暴潮划分为3个发展阶段：第1个阶段是风暴潮产生的长波，其速度比台风快，被称为先兆波；第2个阶段是主振阶段，台风逼近或过境，这时潮水水位最高，最危险；第3个阶段为台风离境，在惯性作用下，潮水水位还是较高，这就是余振阶段。

★ 海底风暴形成的漩涡

况。一般把风暴潮灾害划分为四个等级，即特大潮灾、严重潮灾、较大潮灾和轻度潮灾。

1992年8月30日至9月2日，我国沿海大部分地区遭受到近百年来罕见的特大风暴潮袭击。这次风暴潮强度大、持续时间长、影响范围广、受灾情况重都是近百年来少有的。强度大主要是引起的增水值大，在南北几十公里岸线上的最高潮位都先后超过有观测记录以来的最高值。这次风暴潮前后历时65小时之多，这也是历史上少有的；影响范围波及南北五省二市2000多公里岸线区域。潮灾给沿海养殖业、渔业、盐业、农业带来的损失是惊人的，有500多万亩养殖场、50万亩盐田、2000多万亩农田被毁，损坏船只近5千艘，摧毁房屋4万余间，崩决海堤700多公里，死亡227人。最终统计受灾损失约在60亿元以上，远远超过历次风暴潮灾的损失。

早在20世纪二三十年代，世界主要海洋国家就已经在天气预报和潮汐预报的基础上，开始了风暴潮的预报研究工作。但是预防并不能阻止风暴潮的发生，只能尽量减少其产生的灾害。

知识外延

台风风暴潮灾害主要发生在我国东南沿海，其中成灾率较高、灾害较严重的岸段主要集中在江苏、福建、广东、海南等地，长三角、海峡西岸、珠三角等重要开发区均位于风暴潮灾害严重岸段内。是我国沿岸最严重的海洋灾害，每年都给沿岸人民带来巨大的生命和财产损失。

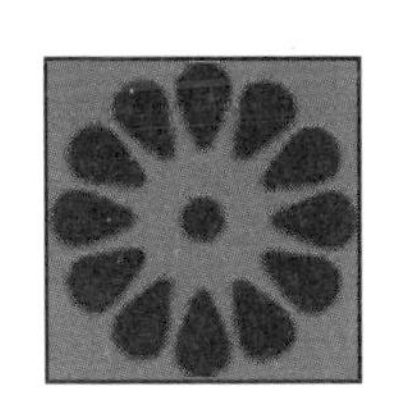

“邪恶圣婴”厄尔尼诺

小/档/案

时间：20世纪最强的厄尔尼诺现象是在1982～1983年

地点：太平洋赤道带

灾情：海水温度异常升高，海水水位上涨，部分地区极其干旱，部分地区出现风暴潮、强降雨，导致洪水泛滥成灾。给沿海地区带来极大的破坏。

厄尔尼诺在西班牙语中的意思是“圣婴”或“基督的孩子”。由于厄尔尼诺现象首先发生在南美洲的厄瓜多尔和秘鲁沿太平洋海岸附近，而且多发生在年终圣诞节前后，因此得名。

厄尔尼诺是太平洋赤道带大范围内海洋和大气相互作用后失去平衡而产生的一种气候现象。正常情况下，热带太平洋区域的季风洋流是从美洲走向亚洲，使太平洋表面保持温暖，给印尼周围带来热带降雨。但这种模式每3～7年被打乱一次，使风向和洋流发生逆转，太平洋表层的热流就转而向东走向美洲，随之便带走了热带降雨。其基本特征是：赤道太平洋中、东部海域大范围内海水温度异常升高，海水水位上涨。

海水温度异常会带来全球气候异常。尼尔尼诺现象通常导致中、东太平洋及南美太平洋沿岸国家异常多雨，甚至引起洪涝灾害。渔业资源会受到严重损失，海洋生物分布发生变化。同时使得热带西太平洋降水减少，澳大利亚和印尼会发生严重干旱，南亚的夏季季风降雨也会减弱。它使西太平洋热带风暴减少，但使东北太平洋飓风增加。在我国，厄尔尼

★ 浩瀚的海水

相关链接

20世纪最强的厄尔尼诺现象是在1982～1983年，持续近两年，多年罕见。当时赤道东太平洋水温比常年高出4℃，对全球气候异常造成了巨大灾害，全球有1/4地区受到各种不同气候异常的危害，在全世界造成了大约1500人死亡和80亿美元的财产损失。

诺往往带来暖冬凉夏。在厄尔尼诺直接侵害的地方，居民住房会被水淹没，森林受到毁坏，农作物和渔业受到摧残。随着厄尔尼诺的涨落，由洪水泛滥造成的水资源污染以及病菌传播而导致的各种疾病也会接连发生。

经过最近几十年的研究，人们发现，世界各地的灾异现象多与厄尔尼诺现象有着某种联系。有人甚至认为，世界各地大的自然灾害都是由于发生厄尔尼诺而引起的。因此，海洋学家、气象学家都在研究厄尔尼诺现象的发生规律。

但是厄尔尼诺是一种不规则重复出现的现象。一般每3～7年出现一次。这并不好研究。直到今天，人们对太平洋中出现的厄尔尼诺现象，仍有许多迷惑不解之处：发生厄尔尼诺现象时，那巨大的暖水流是从何处来的？它的热源在哪里？过去人们提出过种种假说。

有专家认为其热源来自地心，或是因为海底火山爆发等。美国地质学家用声波定位仪，在夏威夷群岛和

★ 夏威夷群岛海岸

★ 厄尔尼诺现象带来的强降雨

东太平洋一带的海底进行测量。他们发现这里的海底有许多的火山，火山正喷发出大量的熔岩。巨大的热流体随着熔岩的喷发涌入海洋，使得海水温度升高，因此认为东太平洋的厄尔尼诺现象可能与海底火山喷发有关。但是，往往在没有发生大的火山爆发时，也曾发生过厄尔尼诺现象，因此这种假说不能令人信服。

部分专家认为厄尔尼诺的出现与地球自转减慢有关系。自20世纪50年代以来，地球的自转速度就破坏了过去平均速度分布规律，一反常态呈4～5年的波动变化，一些较强的厄尔尼诺年平均发生在地球自转速度发生重大转折年里，特别是自转变慢的年份。地转速率短期变化与赤道东太平洋海温变化呈反相关，即地转速率短期加速时，赤道东太平洋海温降低；反之，地转速率短期减慢时，赤道东太平洋海温升高。这表明，地球自转减慢可能是形成厄尔尼诺现象的主要原因。分析指出，当地球自西向东旋转加速时，赤道带附近自东向西流动的洋流和信风加强，把太平洋洋面暖水吹向西太平洋，东太平洋深层冷水势必上翻补充，海面温度自然下降而形成拉尼娜现象。当地球自转减速时，“刹车效应”使赤道带大气和海水获得一个向东惯性力，赤道洋流和信风减弱，西太平洋暖水向东流动，东太平洋冷水上翻受阻，因暖水堆积而发生海水增温、海面抬高的厄尔尼诺现象。

近年来，科学家对厄尔尼诺现象又提出了一些新的解释，即厄尔尼诺可能与海底地震、海水含盐量的变化，以及大气环流变化等有关。总之，厄尔尼诺现象的出现，不是单一因素所能解释的，它的形成机理也许是大自然中海洋水体与大气和天文等诸多因素作用的结果。

知识外延

拉尼娜意为“小女孩”（圣女婴），正好与意为“圣婴”的厄尔尼诺相反，也称为“反厄尔尼诺”或“冷事件”。是指海洋中的赤道的中部和东部太平洋，东西上万千米，南北跨度上千千米的范围内，海洋温度比正常东部和中部海面温度低0.2摄氏度，并持续半年。

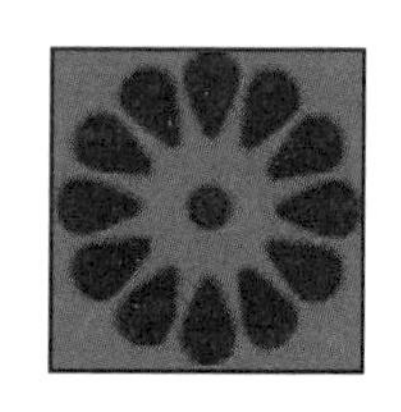

“红色幽灵”赤潮

小/档/案

时间：2001年

地点：浙江沿海地区

灾情：导致鱼、虾、贝类大量死亡。

伴随着科学技术的发展，人们的生活水平日益提高，但与此同时，自然灾害也频繁爆发，其次数和危害也与日俱增，赤潮就是其中的一个。赤潮又称红潮，是海洋生态系统中的一种异常现象。赤潮被人们喻为“红色幽灵”，国际上称其为“有害藻华”。目前，赤潮已成为一种世界性的公害。

赤潮不是潮汐现象，也不像“黑潮”那样是海流运动。而是海洋受到污染后所产生的一种生态异常现象，是一种特殊的海洋灾害，也是唯一与污染有关的重要海洋灾害。在特定环境条件下，海水中某些浮游生物、原生动物或细菌大量增长或高度聚集，使海水变色，称为赤潮。

赤潮是一个历史沿用名，并非所有的赤潮都是红色。赤潮的颜色是多种多样的，主要由引起赤潮的海洋浮游生物决定。由夜光虫引起的赤潮，呈粉红色或深红色。由某些双鞭毛藻引起的赤潮，呈绿色或褐色。根据引发赤潮的生物种类和数量的不同，海水有时也呈现黄、绿、褐色等不同颜色。还有一些海藻大量增生时海水颜色并不改变，但也称为赤潮。据统计，能引起赤潮的浮游生物有上百种，其中甲藻类是最常见的赤潮生物，有二十多种。

海洋是一种生物与环境、生物与生物之间相互依存、相互制约的复杂生态系统。系统中的物质循环、能量流动都是处于相对稳定，动态平衡的。赤潮严重破坏海洋正常的生态结构，影响其他海洋生物生存环境。有

★ 黑潮的支流

★ 甲藻使海水呈黄色

的赤潮生物会分泌毒素。赤潮生物大量死亡后，尸骸的分解过程中要大量消耗海水中的溶解氧，造成缺氧环境。这都直接威胁其它海洋生物的生存，破坏海洋养殖业。

在美国、日本、中国、加拿大、法国、瑞典、挪威、菲律宾、印度、印度尼西亚、马来西亚、韩国、中国香港等三十多个国家和地区赤潮发生都很频繁。其中日本是受害最严重的国家之一。

2001年6月11日，在浙江发现多次赤潮现象：4月9日，平阳县南煤岛出现小面积赤潮；5月10日，舟山中街列岛海域发生大面积赤潮，颜色为褐红色，呈条状分布；5月12日，嵊泗县嵊山岛周围发现赤潮；5月13日，宁波附近虾峙门、渔山至头附近海域发生小面积赤潮，呈条状和块状分布；5月15日，南鹿岛和大陈岛附近海域发现赤潮……

由于海洋污染日益加剧，赤潮灾害也有加重的趋势，一旦发生赤潮，就会给海洋中生活的其他生物、给海洋环境乃至生活在这一海域沿岸的居

相关链接

在中国的海域中，发生赤潮比较集中的海区有：渤海（主要是渤海湾、黄河口和大连湾等地）、长江口（主要包括浙江舟山外海域和象山港等地）、福建沿海、珠江口海域（大亚湾、大鹏湾及香港部分海区等地）。

★ 因污染而死亡的海洋生物

民造成严重危害。赤潮就会破坏海洋的正常生态结构，因此也破坏了海洋中的正常生产过程，从而威胁海洋生物的生存。有些赤潮生物会分泌出黏液，粘在鱼、虾、贝等生物的鳃上，妨碍呼吸，导致窒息死亡。含有毒素的赤潮生物被海洋生物摄食后能引起中毒死亡。人类食用含有毒素的海产品，也会造成类似的后果。大量赤潮生物死亡后，在尸骸的分解过程中要大量消耗海水中的溶解氧，造成缺氧环境，引起虾、贝类的大量死亡。

尽管当今人们已投入大量人力物力去研究赤潮，但是，直到今天，人们对引起赤潮的原因还没有完全弄清楚。赤潮发生的机理以及赤潮与各种海洋环境要素的关系，仍然是科学家们正在深入研究的课题。

赤潮古已有之，但现代发生频率明显增高。现在普遍认为，赤潮与海洋污染有密切关系。由于城市工业废水和生活污水大量排入海中，使营养物质在水体中富集，造成海域富营养化。此时，水域中氮、磷等营养盐类，铁、锰等微量元素以及有机化合物的含量大大增加，促进赤潮生物的大量繁殖。但是，人们在远离海岸的大洋深处也发现过赤潮。难道除了海区富营养化能引起赤潮外，还有别的原因吗？

此外，人们还发现，暴雨过后，海水表层盐度迅速降低，盐度在26～37的范围内均有发生赤潮的可能，但是海水盐度在15～21.6时，容易形成温跃层和盐跃层。温、盐跃层的存在为赤潮生物的聚集提供了条件，易诱发赤潮。这又是为什么？

正因为人们无法弄清赤潮的真正成因和发生规律，所以现在我们也不能提前获知赤潮发生的时间和区域，也就无法进行准备和防范。

知识外延

黑潮具有流速强，流量大，流幅狭窄，延伸深邃，高温高盐等特征。潮即水流，因其水色深蓝，远看似黑色，因而得名。黑潮是世界海洋中第二大暖流。其实，它的本色清白如常。由于海的深沉，水分子对折光的散射以及藻类等水生物的作用等，外观上好似披上黑色的衣裳。

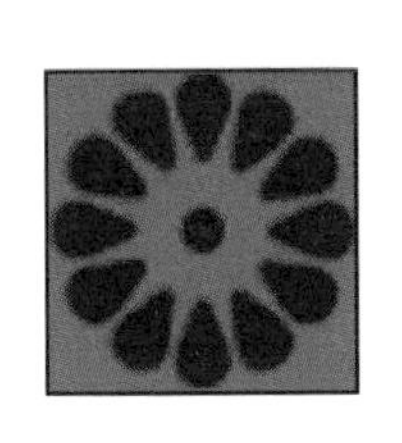

“白色魔鬼”海冰

小/档/案

时间：1969年

地点：极地和高纬度的海域

灾难：可能撞毁船只、码头、海上设施。

海冰是在海上所见到的由海水冻结而成的冰，也包括进入海洋中的大陆冰川（冰山和冰岛）、河冰及湖冰。海冰是极地和高纬度海域特有的灾害。寒冷的天气使海水结冰，导致海港和航道封冻。过于温暖的气候则使陆地冰架崩解，导致大量浮冰入海，可能撞毁船只、码头、海上设施。

海水结冰需要三个条件：一是气温比水温低，水中的热量大量散失；二是相对于水开始结冰时的温度（冰海冰点），已有少量的过冷却现象；三是水中有悬浮微粒、雪花等杂质凝结核。淡水在4℃左右密度最大，水温降到0℃以下即可结冰。

在海上，表层海水因冷却而密度增大，海水内形成对流混合。海水继续冷却至冰点时，海面以及对流混合所及的深层海水内便有针状、薄片状的冰晶析出，它们集聚到海面，连同降雪产生的雪晶，便形成暗灰色的糊状冰。在波动的海面上，糊状冰遇冷形成饼状冰；在海面平静情况下便形成灰色玻璃状冰层，继而发展成为片冰和厚冰。海冰在海区波浪、海流、潮汐等的影响下可以发展成各种形状和大小的浮冰块、流冰以及各种形式的压力冰，对舰船航行和海上建筑物造成危害。

海冰对港口和海上船舶的破坏力，主要是推压力。1969年1月下旬至3月中旬，整个渤海几乎全部被冰覆盖，海冰单层最大厚度达80厘米，堆积冰厚高达9米。流冰摧毁了由15根

2.2厘米厚锰钢板制作的直径0.85米、长41米、打入海底28米深的空心圆筒桩柱全钢结构的“海二井”石油平台，另一个重500吨的“海一井”平台支座拉筋全部被海冰割断。为解救船只，空军曾在60厘米厚的堆积冰层上投放30公斤炸药包，结果还没有炸破冰层。

除了推压力外，对港口和海上船舶还有海冰胀压力造成的破坏。海冰温度降低1.5度，1000米长的海冰就能膨胀出0.45米，这种胀压力可以使冰中的船只变形而受损；此外，还有冰的竖向力，当冻结在海上建筑物的海冰，受潮汐升降引起的竖向力，往往会造成建筑物基础的破坏。

相关链接

海冰的抗压强度主要取决于海冰的盐度、温度和冰龄。通常新冰比老冰的抗压强度大，低盐度的海冰比高盐度的海冰抗压强度大，所以海冰不如淡水冰密度坚硬，在一般情况下海冰坚固程度约为淡水冰的75%，人在5厘米厚的河冰上面可以安全行走，而在海冰上面安全行走则要有7厘米厚的冰。冰的温度愈低，抗压强度也愈大。

海冰运动时的撞击力也是巨大的，1912年4月发生的“泰坦尼克”号客轮撞击冰山，遭到灭顶之灾，是20世纪海冰造成的最大灾难之一。可见海冰的破坏力对船舶、海洋工程建筑物带来的灾害是多么严重。

海冰是在海上所见到的由海水冻结而成的冰，对舰船航行和海上建筑物等危害较大，在冻结和融化过程中还会引起海况的变化。因此，掌握和运用海冰发生、发展的规律，开展冰情预防工作，具有十分积极的作用。

知识外延

南北极多年不化的海冰，叫做封海冰。封海冰与海岸相连，面积巨大。北极的封海冰，即使在夏季面积收缩时还有800多万平方公里，相当于大洋洲的面积。南极大陆周围也终年被封海冰封锁。

第五章

神秘恐怖的死亡海域

海洋是神奇的，但是千百年来，在人们的内心深处，一直对于浩瀚的海洋潜藏着一种畏惧。自从人类进入了文明社会，在洋面经常有轮船遇难、失踪，在海洋上空经常会有飞机失灵、坠落。直到今天仍然有一些神秘的海域令人谈之色变。这些被称为死亡或是魔鬼的海域，究竟有什么神秘力量呢？

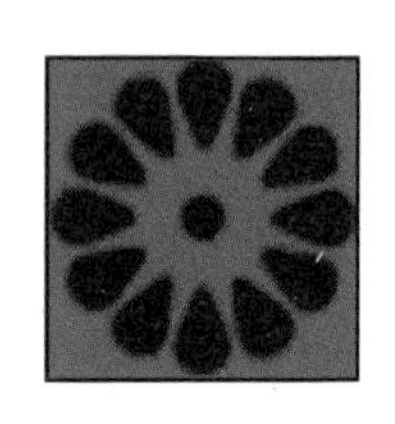

大西洋的墓地

小/档/案

时间：1840年、1989年

地点：加拿大大西洋内的塞布尔岛

灾难：吞没了500多艘海船，丧生者达5000多人。

大千世界，无奇不有。沙漠上，一袭狂风卷过，一座座沙丘移动了位置，也许我们并不觉得奇怪。在海洋，由于海浪的冲力，也往往会把一些海岛从海面上“冲刷掉”，这也不稀奇。但是如果遇到一个会“离家出走”、“到处旅行”的海岛，又会让人作何感想呢？如果这座经常“旅行”的海岛还时不时地吞没船只，岂不是更神秘可怕？世界上真的有这样的海岛吗？

在加拿大东南的大西洋中，有个叫塞布尔的岛。塞布尔岛的来历，颇具离奇色彩。据其英语岛名，发现它的形容词词意就是黑暗的、悲惨的、恐惧的；英国地图则标意为“军刀”，是根据该岛两头尖，中间宽，形狭而弯而得名。更奇怪的是这个小岛会移动位置，而且移得很快，仿佛有脚在走。每当洋面刮大风时，这座小岛就会像帆船一样被吹离原地，做一段海上“旅行”。这源于洋流与冲浪的持续作用，使海岛西端逐渐冲垮，东端则逐渐向外延伸的局面，产

★ 海底洋流造成的海水运动

★ 沉船

生了海岛东移的景观。经测定，近200年来，这座小岛已经向东“旅行”了20千米，平均每年移动100米。

如果说海岛的移动是海上的一大景观，那么海岛吞没船只，则成为了海上的恐怖墓地。据悉塞布尔岛是世界上最危险的“沉船之岛”。海岛由泥沙冲积而成，全岛到处是细沙，不见树木。海岛的四周都布满了流沙浅滩，水深有2~4米。经过这里的船只只要触到四周的流沙浅滩，就会遭到翻沉的厄运。几百年来，这座小岛吞没了500多艘海船，丧生者达5000多人。据说有人曾亲眼目睹几艘排水量5000吨、长度约120米的轮船，误入浅滩后便默默地陷没在沙滩中。因此，这一带海域，被人们称为“大西洋墓地”、“毁船的屠刀”、“魔影的鬼岛”等。

1800年，英国新斯科舍半岛的渔民从塞布尔岛上换来不少金币、珠宝及印有约克公爵家徽的图书和木器。这事引起英国政府的高度注意，因为这些物品是属于当年开往英国的“弗莱恩西斯”号轮船的。当年“弗莱恩西斯”号轮船从新斯科舍半岛起航后，便杳无音信。英国海军认为，“弗莱恩西斯”号可能在塞布尔岛遇难了，船员很有可能逃到了塞布尔岛。但是他们却被岛上的居民杀害，船上财物也被洗劫一空。而真相却是：船员与船一同被无情的海沙所吞没。悲剧接连不断，仅仅几个月，英国的“阿麦莉娅公主”号以及后来的救援船只都沉陷于塞布尔岛周围的流

相关链接

塞布尔岛是位于加拿大新斯科舍半岛东南约3000千米的大洋中的孤岛，该岛东西长40千米，南北宽1.6千米，面积约80平方千米，呈月牙形。塞布尔岛海拔不高，只有在天气晴朗的时候，才能望见它露出水面的月牙形身影。

沙中，船员无一生还。

1840年1月，英国的“米尔特尔”号不幸被风暴刮进塞布尔岛的流沙浅滩，求生心切的船员们，在救援人员还未赶到时纷纷跳进大海，以为可以逃过此劫，结果全部丧命。两个月之后，空无一人的“米尔特尔”号被风暴从海滩中刮到海面，在亚速尔群岛又一次搁浅，此时才被人们发现。

1898年7月4日，法国“拉·布尔戈尼”号海轮，不幸触沙遇难。救援人员以为“拉·布尔戈”号上存活的船员也许会登上该岛，于是他们就到海岛上寻找，但是寻找了几个星期，竟然没有发现一个幸存者，甚至连尸骨也没有找到。

其实，从遥远的古代起，在塞布尔岛那几百米厚的流沙下面，便埋葬了各式各样的海盗船、捕鲸船、载重船以及世界各国的近代海轮。由于海岛经常移动，浅沙滩的位置也跟着移动，因此人们偶有机会在沙滩中发现航船的残骸。据悉，19世纪，一艘美国快速帆船下落不明，将近半个世纪，帆船的木船身才从海底慢慢露出。然而三个月后，流沙又在船体上堆上了30米高的沙丘。

海船惨遭厄运的罪魁究竟是什么呢？其实是海底流沙，塞布尔岛处于墨西哥湾的暖流与巴芬湾的拉布拉多寒流交汇之处，在洋流、海浪以及海风的共同推动下，大量的沙土沉积于此，构成了一片海地沙滩。

鉴于塞布尔岛周围频频发生沉船事件，塞布尔岛已经建立了相应的救生站、灯塔等，还备有直升机。尽管在此罹难的船只已经大大减少，但是，塞布尔岛为何有那么多流沙，流沙从何而来一直是个谜。此外，塞布尔岛的流沙只是浅沙滩，为何能够吞没那么多巨型船只却没有明确答案。

知识外延

1802年，英国在塞布尔岛上建立了第一个救生站。救生站仅有一间板棚，里面放着一艘捕鲸快速艇，板棚附近有一个马厩，养着一群壮实的马。每天有四位救生员骑着马，两人一组在岛边巡逻，密切注视着过往船只的动向。1879年7月15日，美国的“什塔特·维尔基尼亚”号客轮途中因大雾不幸在塞布尔岛南沙滩搁浅，但在救生站的全力营救下，全体船员顺利脱险。

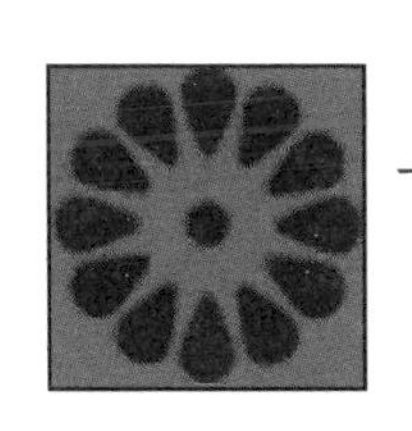

百慕大三角的“死亡禁区”

小/档/案

时间：1919年、1965年

地点：北大西洋西部海中百慕大群岛

灾情：数以百计的飞机和船只都在这里神秘地失踪。

赫赫有名的百慕大三角，可谓是无人不知、无人不晓。而今，北大西洋西部海中百慕大三角已经成为那些神秘的、不可理解的各种失踪事件的代名词。随着科学的发展，当今的人们已经解决了许多过去被视作谜的现象，然而百慕大三角仍是一个困扰着科学家的谜团。

据说先后有许多飞机、船舰和驾驶员、乘客，都在百慕大三角神秘失踪。救援者从未发现过遇难船舰、飞机的残骸碎片，至于遇难者的尸体，更是无处可寻。因此，百慕大三角又被称为“魔鬼三角”。

百慕大三角曾经发生过许多神秘失踪的事件，关于船只和海员在“百慕大三角”连人带船神秘失踪的事件，最早的记载是1840年8月，一艘法国帆船“洛查理”号正在百慕大海面航行。令人感到迷惑的是，这艘船好像没有目标似地随风飘浮。人们划船靠上去，发现船上空无一人，但货舱内的物品都完好无缺，似乎没有人碰过。

船只前仆后继的在百慕大三角失踪，1919年，一艘长180多米，载员309人的美国军舰“赛克洛珀斯”号，从西印度群岛的巴贝港口启程，途经百慕大三角区，突然神秘地消失，全船人员无一生还；1945年，在美国海上空军例行训练中，5架“埃文格”型鱼雷轰炸机飞越这一地区，14名机上人员全部遇难；1965年6月，一架大型双引擎军用飞机在飞越百慕大时，突

★　大陆架是海洋中的桥梁

相关链接

百慕大三角区在任何地图上都找不到，它只是人们想象中由百慕大、佛罗里达、波多黎各（接近北美洲）三条海岸线合围的区域。是一个面积约十万平方千米的三角形海域，连接着大西洋与南北美洲的水上要道。百慕大有将近四百个岛屿，它们组成了一个圆形的环，人称百慕大群岛。

然失踪，机组人员全部遇难。数以百计的飞机和船只都在这里神秘地失踪了，百慕大三角为何如此神秘？难道真的有魔鬼？

几十年来人们对百慕大三角的探索从未间断过，这个被称为最接近死亡的魔鬼海域，究竟是什么力量，将船只打入海底，无一生还？究竟那些飞机为什么会不留痕迹，凭空消失？究竟是什么力量将水手们推向了死亡……

有人提出了海底水文地壳运动说。主要是因为百慕大三角海底地貌十分复杂，地理位置也很特殊。百慕大三角夹在大陆和群岛之间，宽阔的大陆架又延伸至海底，周围是深将近万米的波多黎各海沟及深度超过万米的北阿美利加海盆，而且在北部深海盆里又突起有百慕大群岛。此外，百慕大三角中洋流纵横交错，变幻不定，形成了一个又一个巨大的涡流。这些巨大的旋涡长达几百千米，深度超过一千米，仿佛是海底大旋风。百慕大三角海域还生长着大量的马尾藻，热能大量集聚，温度奇高。遇上了这些复杂的海底地貌、巨大的旋涡

★ 百慕大三角海域

和超常的高温，飞机和船只必定凶多吉少。关于飞机和船只的残骸，是由于大陆的漂移，以及频繁的地壳运动，使得百慕大地区的海底地壳上形成了一个个的陷坑或空穴，并且地震不断，造成空穴顶部坍塌，海底会出现巨大裂口，导致海水急剧涌入，船只、飞机一旦被卷入，丝毫的蛛丝马迹都被吞没了。

有人提出另外一种观点：次声波与地磁引力说。巨大的海浪能产生次声波。当海面发生海啸时，次声波在空中以低于声音的速度传播。以至于人耳听不到次声波，但是次声波却足可置人于死地。次声波的频率越高，产生的危害越大。当频率为七赫时，人的心脏和神经系统将陷入瘫痪。而百慕大三角海域正是次声波最活跃的地区。关于地磁引力说，在百慕大三角出现的各种奇异事件中，罗盘失灵是最常发生的。这使人把它和地磁异常联系在一起。人们认为百慕大三角区的海底有一股不同于海面潮水涌动流向的潜流，在百慕大海面与东太平洋之间有一条天然海下水桥，水桥能产生强大的磁场力。人们还注意到在百慕大三角海域失事的时间多在阴历月初和月中，这是月球对地球潮汐作用最强的时候。这似乎也印证了这种说法。

还有人认为是百慕大三角地区一种神秘的自然激光造成的。太阳是强大的辐射源，海面和大气恰似两面巨大的反光镜。只要百慕大的神秘激光发生作用，太阳的辐射就会引起一场弥天大雾。如果激光功率特别大，则会在瞬间将飞机和船只烧成灰烬。

关于百慕大三角众说纷纭，然而至今没有定论，还有待于科学家的研究。

知识外延

黑洞是指天体中那些晚期恒星所具有的高磁场超密度的聚吸现象。它虽看不见，却能吞噬一切物质。不少学者指出，出现在百慕大三角区机船不留痕迹的失踪事件，颇似宇宙黑洞的现象，舍此便难以解释船只、飞机何以刹那间消失得无影无踪。

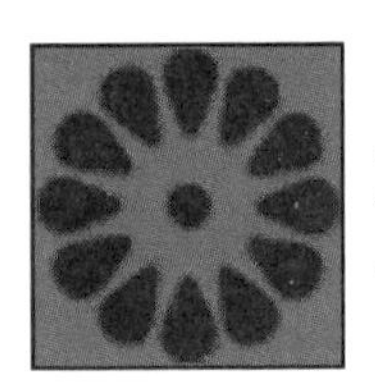

变化无常的日本龙三角

小/档/案

时间：1928 年、1952年、1975年

地点：日本以南的神秘地方

灾难：海底沉船共有一百多万艘，平均每14海里便有一艘。到目前为止至少有126枚核弹头在日本龙三角海域神秘失踪。

在日本有一个变化无常、神秘莫测的海域，在地图上标出这片海域的范围，它恰恰是一个与百慕大极为相似的三角区域。船只在这里神秘失踪、潜艇一去不回、飞机凭空消失……令这片海域拥有了“太平洋中的百慕大三角”的恶名，被称为“最接近死亡的魔鬼海域”和“幽深的蓝色墓穴”，这就是日本的龙三角区域。

自20世纪40年代以来，无数巨轮、飞机在这个清冷的海面上神秘失踪，它们中的大多数在失踪前没有能发出求救讯号，也没有任何线索可以解答它们失踪后的相关命运。虽然龙三角没有百慕大三角那么著名，但它的神秘却可以让所有解读过它的人吃惊。

日本海防机构每年平均要发布发生在日本周围海域约2500件海事事故报告。鉴于在这里搜寻一艘失踪的船要比从干草堆中找出一根针还要困难得多的实际情况，使得大部分的官方报告只能将事故原因归于“自然的力量”，而就此终止调查。

1928年2月28日，“亚洲王子”号离开美国纽约港，于3月16日从美国洛杉矶横渡太平洋。一周之后，“东部边界城市”号轮船收到了“亚洲王子”号发出的呼救信号，得知“亚洲王子”号在美国夏威夷群岛附近遇难。美国海军调动一切力量，对太平洋宽阔的海域进行了搜寻，但还是没能找到“亚洲王子”号。

1952年9月23日，多名科学家搭乘一艘日本海防研究舰前往龙三角区域研究暗礁。船在离港后一直保持着很高的航行速度，以这种速度只需一天时间就能到达研究海域。然而在接下来的3天中该船杳无音讯。当搜救船

★ 日本静冈海岸

★ 日本港口的集装箱船

只赶到这片海域时，只找到了一些残骸和碎片，但是残骸和碎片却无法证明就是这艘舰船的。而后，《纽约时报》上刊登了这艘科考船神秘失踪的报道，将全世界的注意力第一次引向了这片魔鬼海域。

最离奇的一次海难是“柏吉·伊斯特拉”号。这艘大船于1975年12月29日一个天晴气朗、海面平静无波的好天气中，在龙三角地区内的棉兰老海沟沉没。更奇怪的是，事经三年十个月后，“柏吉·伊斯特拉”号的姐妹船“柏吉·苍加”号也在龙三角神秘失踪。“柏吉·苍加”号失踪后，不但没有找到任何残骸，船上的40名船员也无人生还。这一对姐妹船同属一家轮船公司，在同一造船厂建造，载运相同的货物，航行同一航线，如此多的巧合，使得它们的失踪更为离奇了。

据说，两千年来长眠在这片深蓝色海下的船只共有一百多万艘，平均每14海里便有一艘沉船，其中包括几艘带有核武器的苏联潜艇和至少一架配备核弹头的美国战机。到目前为止至少有126枚核弹头在日本龙三角海域神秘失踪，不得不令人惊奇。

连续不断的神秘失踪事件引发了人们的注意和探究，专家们开始以不同的方法和不同的角度试图去揭开日本龙三角海域之谜。由于实地考察有一定的条件局限性和较大的风险性，人们五花八门的猜测就纷纷出炉了。

最早的说法是海兽作怪，显然这只是古人迷信的一种说法，在高科技面前是站不住脚的。另外还有飓风说和磁偏角说。飓风说认为日本龙三角区域每年可以制造三十起致命的风暴，是飓风使得一些过往船只的导航

相关链接

日本魔鬼三角，当地渔民习惯的称这个魔鬼三角为龙三角，是太平洋深水中1300万平方千米的区域，北纬25度，东经142度，这是地球上最神秘三角区域之一的中心坐标。

仪器在一瞬间全部失灵，导致船只沉没。这一点可在那些失事船只最后发出的只言片语中得到印证。于是海洋专家认为是飓风使得那些过往船只的导航仪器在一瞬间全部失灵，最终导致船舶失事的。但是，当今大型的现代化船舶是按照能抵御最坏情况的标准制造的，按理说仅凭一场飓风并不能击沉它们。

而磁偏角是由于地球上的南北磁极与地理上的南北极不重合而造成的自然现象，这种偏差在地球上的任何一个位置都存在，并不是日本龙三角所特有的。其实，早在500年前哥伦布提出磁偏角现象后它早已成为航海者的必备知识，所以磁偏角现象使航行中的船只迷航甚至失踪的假设也难以成立，尤其是成为拥有现代化设备的船只迷航和沉没的原因，更加不能取信于众。

还有一种观点是海啸说。在日本龙三角西部的深海区，岩浆具有随时冲破薄弱地壳的威胁。这种事情的发生毫无先兆，其威力之巨大足够穿透海面，而且转瞬之间它又可平息下来，却不会留下任何证据。而当大洋板块发生地震的时候，超声波达到海面表层，形成海啸。海啸引发的巨浪速度极快，是任何坚固的船只都经受不起的。此外，毁灭性的巨大海啸在生成海浪时，在广阔的洋面上只显露出一米或者比这还低的高度，这种在大洋中所发生的缓慢的浪潮起伏是不易被过往船只所察觉的，它很难引起人们的注意。但大约在二十分钟至一个小时后，灾难就开始降临。如果在海啸发生时又正好赶上飓风，那么遇难船只不要说自救，就连呼救的时间可能都没有了。

如果这个原因能够加以论证，那么它将为我们揭开龙三角的神秘面纱。同时，日本龙三角也说明海洋无愧是地球上最神秘莫测的生存地狱。迄今为止，人们依然无法知道在浩瀚的大洋之下，到底还隐藏着多少秘密等待着去探索、发现。

知识外延

1980年8月18日，前苏联的“乌拉基米尔”号船在完成任务后从日本沿海返航途中。一个不明物体从海底冲上来。这件物体呈圆筒状，能够发出耀眼的蓝光，当它滑过船只时将船的一片区域烤得焦黑。于是有人认为日本龙三角的事故都是外星人所为。但是没有事实依据，这只能是一个假设。

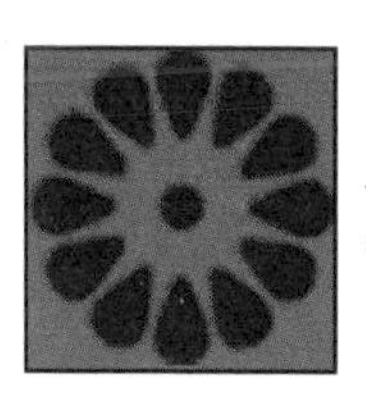

地中海魔鬼三角

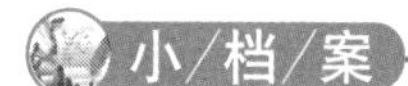

小/档/案

时间：1980年6月

地点：地中海

灾难：先后有几十艘船只和飞机被不明不白地吞没。

地中海位于亚、欧、非三大洲之间，是世界上最大的陆间海，也是古代文明的发源地之一。可是20世纪40年代以来在地中海及其周围发生的奇怪事件却一直令人费解。与百慕大三角、日本龙三角类似，地中海魔鬼三角区域也是时不时地将轮船吞没，导致飞机坠毁。

这片诡异的海域，每年都会无缘无故地发生多起飞机和船只遇难及失踪的事故，并且飞机和船只遇难的经过十分蹊跷。据说飞机到达这片海域的上空时，机上的仪表就会受到奇怪的干扰，因而造成定位系统失灵，找不到方位。更奇特的是，船只可以根据太阳来确定方向，所以不会有迷航的问题。但是就在这片风和日丽的海域里，有无数船只也遭受了劫难。有些事故发生后甚至连飞机和船只的残骸也无法找到。

1980年6月的一天上午8时，一架意大利班机准时从布朗起飞，当该机飞行了三十七分钟时，机长向塔台报告了自己的位置，即庞沙岛上空。但

★ 意大利地中海风光

相关链接

地中海三角区位于意大利本土的南端与西西里岛和科西嘉岛3座岛屿之间，这里叫泰伦尼亚海。地中海三角区的三个顶点，分别是比利牛斯的卡尼古山，摩洛哥、阿尔及利亚、毛里塔尼亚共同接壤的延杜夫，再加上加那利群岛。

是从这以后就再也没有消息了。机上81名乘客和机组人员踪迹全无，飞机自然也无影无踪。可是谁也不知道这架飞机是如何失踪的。

地中海魔鬼三角上空的飞机会莫名其妙地失踪，海上的轮船更是失踪得奇特。曾经有两艘名为“沙娜”和“加萨奥比亚”的渔船在庞沙岛西南偏西大约46海里处捕鱼，两艘渔船间距很近，不仅能相互看见、通话和联系，灯光也能看得分明。但是到了天亮时分，“加萨奥比亚”号突然发现“沙娜”号不见了。起初以为“沙娜”号离开了。但是当时的鱼情非常好，没有作业完毕的“沙娜”号怎么会突然离开呢？“加萨奥比亚”号船长深感不解，于是向基地做了报告。三小时后意大利海岸的一架巡逻直升机到了这一海域巡查。令人惊奇的是，不仅看不见“沙娜”号，就连不久前刚刚汇报“沙娜”号失踪的“加萨奥比亚”号也不见踪影，深感奇怪的直升机仔细搜索了每一片海域，却没有发现两艘船只的踪影，无奈飞机油箱里的油料只够支持返回基地，直升机只能返回。不过在返回前直升机通知了在附近海域的一艘19万吨的大型捕鱼船“伊安尼亚”号协助搜索。第二天清晨，意大利派出三架直升机再次来到这一区域勘察搜索。奇怪的是，不仅前两艘失踪的船只找不到，19万吨的大型捕鱼船“伊安尼亚”号也不见了。这三艘船只连同船上的51名乘员，就这么不明不白地在风平浪静的海上失踪了。从此，人们再也没有找到有关他们的任何线索。

究竟是什么原因导致地中海三角区轮船和飞机的失踪呢？有人认为可

★ 意大利西西里风光

能是地中海的海底存在火山、地震，只是在海面上并不太显眼，由于火山的喷发或是地震的发生，引发摧毁力极强的海啸，所以将船只吞没了。但是飞机失事不能用海啸的观点来解释。难道地中海海域是磁场异常地带？是地球的诡异之地？

也有人认为是地中海海底的“海底人”在作怪，这种“海底人”既能在“空气的海洋”里生存，又能在“海洋的空气”里生存，属于史前人类的另一分支。其理由来源是：生命起源于海洋，人类自然也是起源于海洋，而且现代人类的许多习惯及器官明显地保留着适应海洋生存的痕迹，例如喜欢食盐，身体无毛，会游泳，有海生胎记，爱吃鱼腥等等，很显然这些特征是陆地上哺乳动物所没有的。很可能在进化过程中人类分成了水中陆上两支，上岸的被称为“人类”，留在水中的则被称为“海怪”。不过也有人认为“海底人”不是人类的水下分支，很可能是栖身于水下的特异外星人。

这两种说法谁对谁错无从分解，但是，大多数科学家对这两种观点都不认同，并不认为有“海底人”的存在。对于“海底人”，他们认为，神秘的“海底人”的许多特征均符合地球的生存条件，他们只能是地球的产物，而不可能是来自外星的生物。

神秘的地中海及其周边古代文明，尽管神秘莫测，但随着科学技术的发展进步，人们总会有一天能够揭开它们的神秘面纱，把其真面目查个水落石出。

知识外延

地中海：地中海被北面的欧洲大陆、南面的非洲大陆和东面的亚洲大陆包围着。东西共长约4000千米，南北最宽处大约为1800千米，面积约为2,512,000平方千米。是世界最大的陆间海。以亚平宁半岛、西西里岛和突尼斯之间突尼斯海峡为界，分东、西两部分。平均深度1450米，最深处5092米。盐度较高，最高达39.5‰。地中海是世界上最古老的海，历史比大西洋要古老。

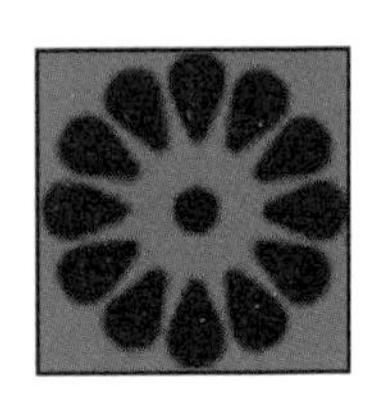

南极魔海威德尔海

小/档/案

时间：1914年
地点：南极威德尔海
灾难：很多船只被吞噬

海洋上的魔海众多，最为著名的是大西洋上的百慕大魔鬼三角。其实在南极也有一个魔海。这个魔海虽然不像百慕大三角那么贪婪地吞噬舰船和飞机，但它的“魔力”足以令许多来此探险的人心生畏惧，这就是威德尔海。

威德尔海之所以被称为“魔海”，是因为这里充满了令人恐惧的地方。它不仅有可以随时将人引入死地或撞上冰川的海市蜃楼，还有着凶猛异常的鲸鱼和可怕的流冰群，一不小心，船只就可能遭遇不测，发生沉船事故。

威德尔海的流冰群：魔海威德尔海的魔力首先在于它巨大威力的流冰。在夏季的南极，日照时间较长，温度也偏高，大量的冰川会融化。威德尔海北部就会出现大面积的流冰群，这些流冰群像一座白色的城墙，首尾相接，连成一片，有的还连接着冰山。冰山最高可达一两百米，方圆200平方千米，远远看去，就像一块广阔的冰原。当这些流冰和冰山相互撞击、挤压时，会发出惊天动地的响声，听上去十分可怕，使人胆战心惊。如果此时船只在流冰群的缝隙中航行，会遇到异常的危险，一不小心就会被流冰挤撞损坏或者驶入“死胡同”，无法前行，使船只永远留在这南极的冰海之中。

1914年8月1日，“英迪兰斯”号载着26名船员离开伦敦，直赴南极边缘的威德尔海。开始了南极的探险活动。威德尔海的海湾入口宽达2000千米，纵深1500千米，海面到处是冰架、冰山和浮冰群，形成难以逾越的

★ 鲸鱼

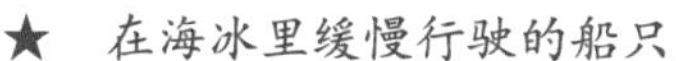
★ 在海冰里缓慢行驶的船只

屏障。当南极的夏季过后，漫长的黑夜笼罩着茫茫冰海，不久“英迪兰斯”号被冰群封冻起来，而且不停地向西北方向漂流。当黑暗的冬季结束时，“英迪兰斯”号仍然被厚厚的流冰挟着不能动弹，而且随着气温的回升，冰块不时破裂，给船只带来更大的危险，最终“英迪兰斯”号被魔海吞噬了。

南极魔海威德尔海的风：在威德尔的冰海中航行，风向对船只的安全至关重要，有时甚至决定船只的航向。刮南风时，风会将流冰群吹向北边散开，这时在流冰群中会出现大的缝隙，船只可以在缝隙中航行。但如果刮北风，流冰就会挤到一起．把船只包围，这时船只即使不会被流冰撞沉，也无法离开茫茫的冰海，至少要在威德尔海的大冰原中待上一年，直至第二年夏季到来时，冰川融化，船只才有可能冲出威德尔海而脱险。但是这种可能性是极小的，由于船只储备的食物和燃料有限，加上威德尔海冬季暴风雪的肆虐，使绝大部分陷入困境的船只难以离开威德尔海这个魔海，它们常常会被威德尔海逐渐吞没。所以来威德尔海探险的人们格外注意风向的变化，一见风向转变，就要立刻离开威德尔海，以防被困在流冰群中。现在威德尔及南极其他海域，一直流传着“南风行船乐悠悠，一变北风逃外洋”的说法。直到今天，各国探险家们还遵守着这一信

★ 威德尔海上的浮冰

条，足见威德尔海的神威魔力。

威德尔海的海市蜃楼：变化莫测的海市蜃楼，是威德尔海的又一魔力。在威德尔海中航行的船只一旦进入变化莫测的海市蜃楼中，就会感觉像在梦幻的世界里飘游，海市蜃楼中瞬息万变的自然奇观，既使人感到神秘莫测，又令人魂惊胆丧。海市蜃楼常常造成人的幻觉，有时船只正在流冰缝隙中航行，突然流冰群周围会出现陡峭的冰壁，似乎稍微往前行驶一点儿就可能撞上冰壁，造成沉船的危险。但不多一会儿，这冰壁又会消失得无影无踪，使船只转危为安。更古怪的是，有时船只明明在水中航行，突然间好像开到冰山顶上，顿时能把船员们吓得魂飞魄散。也正是由于这么逼真的景观和感觉，把很多的船只引入了危险地带。有的船只为避开虚幻的冰山而与真正的冰山相撞，有的受虚景迷惑而陷入流冰包围的绝境之中。

威德尔海的鲸鱼：绚丽多彩的极光、变化莫测的海市蜃楼是威德尔海的两大景观，还有一种景观值得观赏，不过要倍加小心，就是成群结队的鲸鱼。威德尔海的鲸鱼时常成群结队地在流冰群的缝隙中喷水嬉戏，场面甚是优美。不要觉得它们自在悠闲，应该是温顺的。其实威德尔海的

相关链接

威德尔海是南极洲最大的边缘海，也是世界上最大的边缘海。位于科茨地与南极半岛之间，最南端达南纬83°，北达南纬70°至77°，宽度在550千米以上，总面积约280万平方千米。该海以英国航海家詹姆斯·威德尔命名得，詹姆斯·威德尔曾经在1823年在威德尔海探险，并到达了南纬74°的地方。

鲸鱼凶猛异常，尤其是逆戟鲸，它是一种能吞食冰面任何动物的可怕鲸鱼，号称海上“屠夫”。当逆戟鲸发现冰面上有人或海豹等动物时，会突然从海中冲破冰面，伸出头来一口将目标吞食掉。可爱的南极企鹅与机灵的小海豹经常惨遭毒手。逆戟鲸的凶猛程度，令人不寒而栗。也正是由于逆戟鲸的存在，被困于威德尔海的人多加了一层的威胁，他们更加难以生还。

威德尔海是一个冰冷的海，可怕的海，也是世界上又一个神奇的魔海。就如同南极的许多地方一样神秘莫测，也许在未来我们揭开南极大陆所有谜团的时候，威德尔海就不会这么可怕了，那时人们可以自由自在地在威德尔海畅行。

知识外延

逆戟鲸是一种大型齿鲸，身长为8～10米，体重9000千克左右，背呈黑色，腹为灰白色，有一个尖尖的背鳍，背鳍弯曲长达1米，嘴巴细长，牙齿锋利，性情凶猛，食肉动物，善于进攻猎物，是企鹅、海豹等动物的天敌。有时它们还袭击其他鲸类，甚至是大白鲨，可称得上是海上霸王。

★ 地球表面形成的壮观的海洋景观

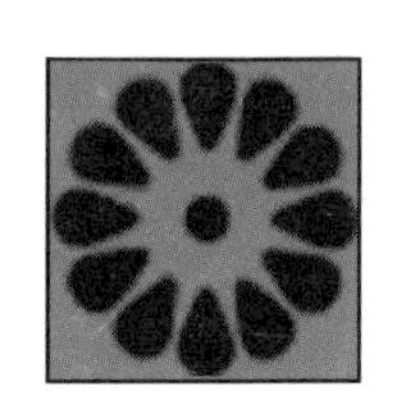

“骷髅海岸”纳米比亚

小/档/案

时间：1933年、1943年、2008年。

地点：纳米比亚纳米布沙漠和大西洋冷海域之间

灾难：商船沉没，船员死亡。

在纳米比亚海岸抬头望去，夕阳下仿佛在燃烧的红色沙漠无限宽广，向远处延伸，直伸入蔚蓝的大海，中间没有任何过渡。红色的沙漠与蔚蓝色的大海构出一幅精美的画面。但是谁也无法想象，如此壮观的美景之处竟然是“骷髅海岸”，沙海相连的地狱之门。

纳米比亚海域的面积约为20万平方公里，在纳米布沙漠和纳米比亚海之间，有一条世界上最恐怖的海岸，绵延纳米比亚海域的海岸线长800千米，被称为“地狱海岸”，现在叫作“骷髅海岸”。

这里充满危险，八级大风、令人毛骨悚然的雾海和深海里藏着参差不齐的暗礁，使来往船只经常失事。传说有许多失事船只的幸存者跌跌撞撞爬上了岸，庆幸自己还活着，但是谁也没想到他们竟慢慢地被风沙折磨致死。简直就是刚出狼窝又入虎穴。而今骷髅海岸布满了各种残破的船只和暴尸海岸的累累白骨。

1933年，一位瑞士飞行员诺尔从开普敦驾驶飞机飞往伦敦，然而在半途飞机失事了，坠落在纳米比亚海岸附近。有人曾说可以在纳米比亚海岸找到诺尔的骸骨，但至今没有下落。而这片“地狱海岸”也因此名声远播，名字也变成了令人毛骨悚然的

★ 纳西比亚的“骷髅海岸”

"骷髅海岸"。

早在大航海时代，葡萄牙水手就流传着这样的一种说法，非洲西南部海岸是不能靠近的禁地。这一带的海流总是粗暴易怒，在狂风、海流的突然袭击下，船只很轻易地就被掀翻了。无论是什么船，一旦撞上了附近的暗礁，就无法逃脱死亡的厄运。在水手们的记忆里，这个海岸上只有死亡的气息：白天阳光炙烤、夜晚寒冷刺骨，鲸鱼白森森的巨大骨架横亘在沙滩上，海豹腐烂的尸体引来了贪婪的海鸟群……而连绵起伏的沙丘一直延伸到天际，凛冽的海风卷挟着狂沙，发出尖细而锐利的呼啸。

20世纪初，德国殖民者发现了钻石矿的存在，来往的船只陡然多了起来。1909年，"爱德华·伯伦"号在浓雾中迷失了方向，被风浪冲上了骷髅海岸。搁浅在沙滩上的船只很快却传出了鬼故事：夜晚舷窗里隐隐透出微光，曾经运载过奴隶的底舱里，总能听到沙子在呻吟……

相关链接

纳米布沙漠位于非洲西南部大西洋沿岸干燥区。是世界上最古老、最干燥的沙漠之一。在纳米比亚和安哥拉境内。起于安哥拉和纳米比亚的边界，止于奥兰治河，沿非洲西南大西洋海岸延伸2100千米，该沙漠最宽处达160千米，而最狭处只有10千米。

1943年，人们在这个海岸沙滩上发现了十二具无头骸骨，骸骨都横卧在一起，附近还有一具儿童骸骨。在骸骨的不远处有一块久经风雨的石板，上面刻着这样的一段话："我正向北走，前往96千米处的一条河边。如有人看到这段话，照我说的方向走，神会帮助你。"这段话刻于1860年。实际上，96千米开外确实有一段河谷，不过早已干涸。至今没有人知道遇难者是谁，也不知道他们为什么暴尸海岸，又为什么都掉了头颅。也许他们是在骷髅海岸被人秘密处死的。而且是否有人真的按照那块石板上所示的语言去探寻过也不得而知。那句"神会帮助你"又是什么意思，是帮助骷髅海岸不幸者逃生的方法？

★ 骷髅海岸上的失事船只

还是帮助他们直接见到上帝？

2008年4月，地质学家在纳米比亚海域进行钻石勘探时意外地发现了一笔财富，他们在勘测过程中，发现了装满铜锭、象牙和金币的失事船只遗骸。根据船上发现的西班牙和葡萄牙硬币上的图案、火炮的类型以及简陋的航海装备判断，这很可能15世纪末或16世纪初的西班牙或葡萄牙商船，船只沉没于海底。对货船上的打捞物品进行分析显示，该货船很可能是用于建造火炮或可能用于运送贸易象牙，船只为什么沉没了，是遇到狂风暴雨还是触到了暗礁？船员都遇难了，还是逃生到海岸后被风沙折磨而死？

当南风从远处的海吹上岸来，对遭遇海难后在阳光下暴晒的海员，以及那些在迷茫的沙暴中迷路的冒险家来说，海风有如献给他们的灵魂挽歌。纳米比亚布须曼族猎人叫这种风为“苏乌帕瓦”。当“苏乌帕瓦”风从海面吹到骷髅海岸时，沙丘表面就会向下塌陷，沙粒彼此剧烈摩擦，发出咆哮之声。

现在的“骷髅海岸”到处散落着船骸、尸骨，就像在举行一场数百年船舶工业发展史的展览。沙滩上，支离破碎的船舶零件随处可见，船身倾颓，锈蚀的栏杆兀自伫立，风沙侵入船舱，慢慢地将残骸掩埋起来。纳米比亚的海岸线一直在变化，但骷髅海岸依然暗藏着不容小觑的威力。

知识外延

纳米布骷髅海岸国家公园占地将近11万平方千米，比葡萄牙国土面积还大。它绵延1570千米，该地区南至纳米比亚的斯瓦科普蒙德，北达安哥拉边界，东部与纳米比亚沙漠接壤。受保护的海岸线包含三个国家公园：骷髅海岸，纳米布—诺克鲁福特和“禁区”。最后是纳米比亚的钻石矿山。

科学探索丛书

第六章

难以预料的悲惨海难

海洋是那么高深莫测、异象万千，它隐藏着无数不明不白的疑端和被岁月掩埋的沧桑之变。看似平静的海面，却给生命、财产造成了巨大的损失和灾难。由于船舶的失控、搁浅、触礁、碰撞，或者是火灾、爆炸、海啸、风暴等引起的海难，多少轮船被打翻、沉没，多少轮船莫名其妙地失踪、毁灭。有太多的谜团等待我们去探知。

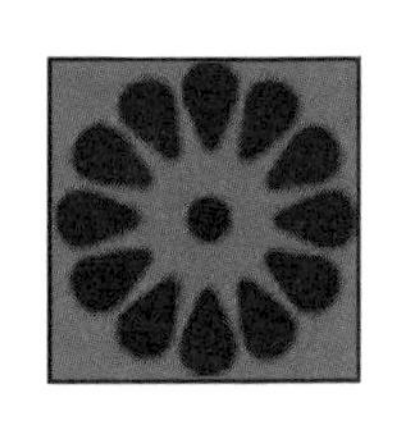

“无敌舰队”的覆灭

小/档/案

时间：1588年8月
地点：英吉利海峡
难情：无敌舰队几乎全军覆灭

“无敌舰队”，所向无敌的舰队，单是如此霸气的名号就足以显示这支舰队的强大。然而，纵是无敌，“无敌舰队”还是没有摆脱覆灭的命运，更无法改变西班牙海上霸权逐渐丧失、国运日益衰落的事实。号称“无敌”的舰队，怎么就在英吉利海峡覆灭了呢？这背后是否藏有不可告知的秘密呢？

“谁控制了海洋，即控制了贸易；谁控制了世界贸易，即控制了世界财富，因而控制了世界。”随着商业资本主义的发展，海上霸权是资本主义国家必争的。1588年8月，西班牙为了捍卫自己占据百年的海上霸权，派出“无敌舰队”与后起之秀的英国开战。

无敌舰队之役是英西战争中最大的一场海战，也是战争过程之中第一个侵略性攻击战役。在这次旷日战争中，西班牙出动了大约150艘的大型战舰，2400多门火炮，3000多名水手和炮手，总兵力达30000余人。而英国大小船舰加在一起才140艘，整个舰队作战人员也只有9000人。两军相比，众寡悬殊，西班牙占据绝对优势。但是，出人意料的是这场海战竟然以西班牙惨遭毁灭性的失败而告终，“无敌舰队”几乎全军覆没。从此以后西班牙急剧衰落，“海上霸主”的地位被英国取而代之。从此，英国开启了伊丽莎白一世的盛世。

以少胜多的战役在历史上并不少见，但是无敌舰队之战却极具戏剧化，为什么强大的无敌舰队会在寡弱分明的对手面前如此不堪一击呢？众多专家纷纷对这一问题表现了浓厚兴趣，各种观点也层出不穷。

史学家认为，十六世纪末，西班

★ 英吉利海峡

★ 西班牙战舰

牙的强盛只是表面上的暂时的虚假繁荣。十六世纪，西班牙虽然号称“日不落”帝国，其殖民地势力广阔，在海上称霸一时，但是腓力二世在位期间为加强专制统治，对内实行重税政策，搜刮民财，导致民不聊生，哀声四起。而对外又好大喜功、穷兵黩武，连年征战。不仅如此，腓力二世还专横残忍，挥霍无度。在他统治期间，其实已经是危机四伏。而他耗尽巨大国力和财力组织的“无敌舰队”也没有传说中的那么强大，“无敌舰队”只有60艘左右算是军舰，其他都是运输船，最大的几艘船都是运输船而非战舰，具有真正战斗能力的军舰只有约20艘。此外，西班牙的航海技术有很大的进步，但是在海上战术上还是处于新旧交替的阶段，而一直以海上老大自居的西班牙更是没有及时地更新战术，一直对炮击不重视，而要用登船战术。而英国虽然是后起之秀，但是初生牛犊不怕虎，新生力量不容忽视，勇往直前的士气更是难得。如此两军交战，“无敌舰队”覆灭也不足惊讶了。

还有一种说法认为是腓力二世用人不当、指挥失策。俗话说“瘦死的骆驼比马大”，虽然十六世纪末期，西班牙正走向衰落，但是衰弱是相对的，其政治经济实力还是相当强大的。此外，从当时交战双方的军事实力来看，西班牙无疑是占有绝对优势的，取胜的可能几乎是占百分之百。那么将领的失策就是很大的问题。在“无敌舰队”的总司令任免上，腓力二世选择了出身名门望族、有较高威望却毫不懂海战的西顿尼亚公爵。西顿尼亚公爵很有自知之明，接到任命后就立即上书请求腓力二世另请高明，但是却没有获得批准。陆军将领指挥海战，焉有不败之理？由于西顿尼亚指挥错误，无敌舰队损失惨重。也有人说其实腓力二世对西顿尼亚打胜这场海战也是信心不足。他曾秘密下令，如果西顿尼亚遭遇不幸，由这次远征中担任分舰队司令且善于指挥海战的阿隆索接任，但是很不幸，阿隆索也葬身海底了。不过这种说法存在很大的疑惑，如果腓力二世对西顿

相关链接

“无敌舰队”是西班牙为了保障自己海上交通线和其在海外的利益，建立了一支拥有100多艘战舰、3000余门大炮、数以万计士兵的强大海上舰队，最盛时舰队有千余艘舰船。这支舰队横行于地中海和大西洋，骄傲地自称为“最幸运的无敌舰队”。

★ 大西洋中翻滚而来的巨浪

尼亚公爵信心不足，为什么在一开始不任命阿隆索为总司令呢？

另外，风浪之说也比较流行。有专家认为“无敌舰队”的覆灭不在于人祸，而是天灾。由于无敌舰队进军的时机选择不恰当，舰队出海不久就遇到了非常可怕且无法战胜的大西洋的狂风巨浪。巨大的大西洋风暴的袭击，导致众多的船只被吹翻、吞没。巨浪撞击着船舱，使得淡水从仓促制成的木桶中漏出，食物大量腐烂变质。水手们疲惫不堪，而大量的步兵因为不习水性，晕船呕吐失去战斗力。西顿尼亚经多方搜寻、救援，仍然损失了33艘舰船、8449名士兵和船员。最后，西顿尼亚就带着这样一支战斗力很低的舰队与英国开战了，不可避免的厄运就发生了。战败是必然的结局了，而在战败回国时，无敌舰队在苏格兰北部海域再次遇到大风暴，一些舰船又被海浪吞噬，或触礁沉没。至此，“无敌舰队”几乎全军覆没。

这些说法似乎都有道理，但是导致无敌舰队覆灭的根本原因又是哪一个呢？“无敌舰队”覆亡的原因值得所有的军事家深思。无论无敌舰队覆灭的原因如何，结果都是一样的，西班牙逐渐让出了海上霸主的地位，英国开辟了新的海上时代。

知识外延

伊丽莎白一世是英格兰和爱尔兰女王，是都铎王朝的第五位也是最后一位君主。她终身未嫁，被称为“童贞女王”。她即位时不但成功地保持了英格兰的统一，而且在经过近半个世纪的统治后，使英格兰成为欧洲最强大的国家之一。

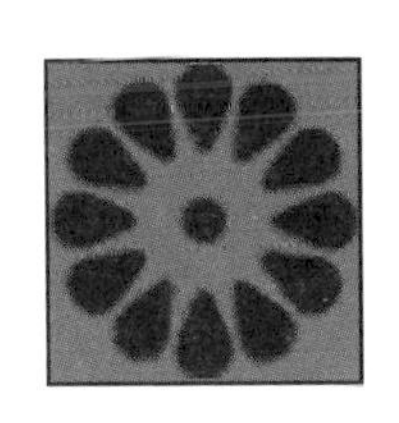

“玛丽·罗斯”号的灾难

小/档/案

时间：1545年7月19日
地点：索伦特海峡
难情：700多名船员不到40人幸存

“玛丽·罗斯”号英国军舰是“世界五大著名沉船”之一，是亨利八世国王的最爱。曾经拥有“海上一朵最美的花”美称，这艘军舰的诞生标志着英国海军已由中世纪时“漂浮的城堡”转变为伊丽莎白一世的海军舰队。然而在第一次参战的时候，强大的“玛丽·罗斯”号就被击沉了。

1545年7月19日，国王亨利八世在英格兰西南部的绍斯西海域检阅了他令人骄傲的舰队并出海迎敌。但是“玛丽·罗斯”号刚从朴次茅斯出航驶往索伦特海峡，准备阻挡一支法国侵略军，却在斯皮特黑德遭到5艘法国军舰的攻击，在一阵风浪中开始颠簸，很快，这艘英国王牌旗舰，在亨利八世国王的视野中彻底消失了。

当时船上共有90多门炮，都没有

★ 英格兰德文郡码头

相关链接

“玛丽·罗斯”号于1509—1511年英王亨利八世时期建造而成，是第一批可做到舷炮齐射的船只。当时炮的射程大约有183米（600英尺），但炮位相当高，而首尾楼上炮尤甚，降低炮孔，使其尽量保持靠近海面的重要性却没有被重视。“玛丽·罗斯”号沉没后，英国军舰设计逐渐由高上层建筑到低上层建筑过渡，炮位也大大降低。

来得及发射，海水就灌进了甲板下面的炮门。船上大约有700名船员，据说只有不到40人得以幸存。军舰被击沉导致海难的发生，在战争中这是很正常的，然而以“玛丽·罗斯”号的强大实力，不至于一门大炮都没有发射就被击沉。这其中一定还有隐藏的秘密。另外，据说“玛丽·罗斯”号的舰长乔治·卡鲁临终留下了遗言，在军舰沉没的最后时刻，他曾不断地呼喊“我控制不住这些恶棍了”。“玛丽·罗斯”号当时发生了什么事情呢？难道是敌军潜入军舰内部，制造混乱？

在这艘伟大的战舰沉没的当年，人们就开始了打捞工作，船上的部分枪炮、帆桁和船帆就被打捞了上来，但是打捞工作于1550年中止了。“玛丽·罗斯”号已经有一部分陷入了淤泥，并在未来的四个世纪里得到了这些淤泥的天然保护。

1967年，潜水员亚历山大·麦基在英格兰西南海岸索伦特海峡潜入水中，发现了“玛丽·罗斯”号的残骸。而后，研究人员经过数年时间，让这艘都铎王朝的战舰终于浮出了索伦特海峡的表面。由于海底淤泥的天然保护，它基本保存了历史原貌。根据对船上大量的物品进行鉴定，考古学家证实该船就是“玛丽·罗斯”号。

英国考古专家、伦敦大学学院的休·蒙特戈麦利教授领导的研究小组，在征得“玛丽·罗斯信托基金会”的同意后，获准接触到“玛丽·罗斯”号上船员的遗骸。

这些专家检验了遇难船员的头骨后有了惊人的发现：船上三分之二

★ 英国战舰

船员不是英国人，而是欧洲南部人，其中以西班牙人居多。由于语言的不通，船员听不懂英国上司的命令，没有及时关闭炮门的盖子，最终导致“玛丽·罗斯”号的沉没。蒙哥马利教授说：“在混乱的战斗中，呼喊声和枪炮声混为一体，如果长官命令清晰，船员训练有素，完全能够及时关闭炮门。但显然‘玛丽·罗斯’号上的外籍船员们没有做到这一点。”看来舰长乔治·卡鲁所说的“恶棍”也就是指那些听不懂命令的外籍船员。

“玛丽·罗斯”号发生海难的原因似乎找到了，但是为什么外籍船员没有经过语言培训？为什么没有翻译官？语言不通，如何行军打仗呢？难道庞大的国家如此问题都无法避免吗？这些真的还有待于进一步的研究。

1982年，“玛丽·罗斯”号全部被打捞出来。而后，科研人员利用聚乙二醇防腐剂不断喷射这艘古船，以防止船骨腐烂。随后军舰经历了一个缓慢的干燥过程。现在，这条历经沧桑的战舰被陈列在英格兰朴次茅斯港“历史造船厂”，以供游人参观。

知识外延

索伦特海峡是英吉利海峡中的小海峡。位于英格兰汉普夏沿岸和怀特岛之间（西经1° 20′，北纬50° 46′）。西起尼德尔斯，东至南安普敦水道。长24千米，宽3–6千米。因河谷被海水淹没而形成。索伦特海峡向东沟通斯皮特黑德海峡，是大轮船到南安普敦的安全航道。

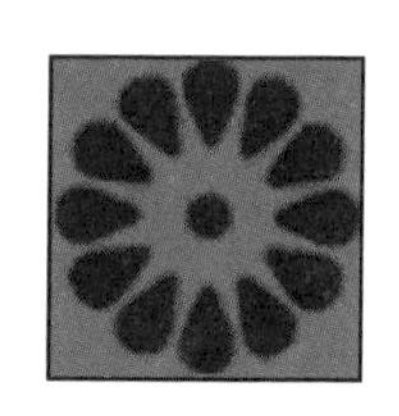

“泰坦尼克”号的悲歌

小/档/案

时间：1912年4月14—15日
地点：北大西洋
难情：1500多人丧生海底

提到“泰坦尼克”号，首先呈现在我们脑海的应该是那部浪漫的爱情电影吧！相信看过这部电影的人不会忘记杰克和露丝的伟大爱情，也不会忘记巨大的“泰坦尼克”号撞上冰山的一幕，以及没有等到救援的人们从断成两截的甲板上掉入深海中，大海上漂浮着无数的尸体，一具挨着一具……其实，《泰坦尼克》号不止是一部电影，历史上确有其船，其处女航的沉没也是事实。

1912年，在北大西洋上，一艘世界顶级豪华的巨轮初次出海就沉没了，随同它葬身汪洋大海的还有一千五百多名乘客。这艘巨轮就是“泰坦尼克”号，这号称永远不会沉没的巨轮为什么在第一次航行时就沉没了？真的是撞到冰山而沉没吗？还是另有隐情？

时光如梭，转眼“泰坦尼克”号已经沉没百年了，然而很多人对“泰坦尼克”号的沉没是由于撞上冰山的说法还都存有疑义，对于“泰坦尼克”号的沉没原因仍在争执之中。

英国曾经公布的一份文件，称“泰坦尼克”号撞上冰山是真，但不

★ “泰坦尼克”号班轮

★ 在冰山附近小心翼翼行驶的船只

足以造成“泰坦尼克”号的沉没，其沉没的真正原因是船弓和船尾被铁制的铆钉闩住了。如果采用的是钢制铆钉，那么“泰坦尼克”号就可以坚持到救援人员到来之时。但是“泰坦尼克”号使用的却是铁制铆钉。不过制造“泰坦尼克”号的船厂却说在“泰坦尼克”号的建造或者用材上绝对没有任何错误和不当。

“泰坦尼克”号没有及时避开冰山，有一个原因是在冰山出没的危险水域全速前进。这不由得令人吃惊，在危险的水域应该是小心驾驶的，为什么要全速前进呢？有人称因为“泰坦尼克”号6号煤仓发生了无法控制的火势，如此说来，这艘豪华的邮轮已经是一艘漂浮的“定时炸弹”。如果油轮在海上爆炸了，那么乘客的生命几乎是没有保障的。所以密令船长指挥“泰坦尼克”号全速前进，这才导致“泰坦尼克”号无法及时避过冰山，从而引发船毁人亡的惨剧。据一份调查报告称，当时“泰坦尼克”号的速度的确超过了在该危险水域航行的安全速度。也就是说船长和机组人员在明知“泰坦尼克”号可能会遇到冰山的情况下，仍然全速前行，毕竟轮船爆炸是必然的，而撞冰山却不是一定的，于是就怀着这样侥幸的心理，让邮轮火速地前行。

第三种看法，认为煤仓出现了隐火，而邮轮全速前进并不是船员可以控制的。煤仓里出现隐燃火在当时的蒸汽船上是一个很普遍的问题，为了保证整个煤仓的安全，“泰坦尼克”号上的船员们向锅炉里提高填煤的频率。但是隐燃火很难扑灭，而锅炉里

相关链接

英国皇家邮船“泰坦尼克”号是奥林匹克级邮轮的第二艘邮船，由英国白星航运公司制造的一艘巨大豪华客轮。“泰坦尼克”号是当时世界上最大的豪华客轮，被称为“永不沉没的船”或是“梦幻之船”。“泰坦尼克”号共耗资7500万英镑，吨位46328吨，长269.1米（882.9英尺），宽28.19米（92.5英尺），从龙骨到四个大烟囱的顶端有53.34米（175英尺），高度相当于11层楼之高。

又填入大量的煤，煤量的增加使得蒸汽机锅炉里的蒸汽量大量增加，“泰坦尼克”号的航行速度骤然加快，最终导致“泰坦尼克”号以高速径直向冰山撞过去。冰山将船体凿出六个大洞，冰冷的海水汹涌而入，随后船体突然断裂，便沉入海底。

至于“泰坦尼克”号的船体一撞就碎的问题，有关人员解释说是因为建造“泰坦尼克”号所用的钢板材料质量低劣造成的。如果“泰坦尼克”号是用现在的钢铁制造的，那么它只会被大冰山撞出一个大瘪坑，而绝不会被撞漏沉没。

似乎每一艘轮船的沉没都不可避免的会有阴谋论，“泰坦尼克”号也

★ 水下船只

不例外。有人认为说1911年9月11日，“泰坦尼克”号的姐妹船“奥林匹克”号与另一艘英国海舰“霍尼”号发生碰撞，但是保险公司认定碰撞事故的责任在“奥林匹克”号而拒绝赔付。当时，白星轮船公司已经陷入非常严重的经济危机。为了摆脱困境，白星轮船阴谋安排一场事故以骗取巨额保险金。将“奥林匹克”号伪装成“泰坦尼克”号进行跨大西洋处女航，并安排了一艘“加利福尼亚”号轮船，在冰山海域附近等待“泰坦尼克”号的出现，以便及时将所有乘客和船员转移走。据历史记载，当时在大西洋航行的“加利福尼亚”号除了船员和3000件羊毛衫和毯子外，一名乘客竟都没有搭载！但是“加利福尼亚”号最后却搞错了“泰坦尼克”号的位置和求救信号，没有及时赶到沉船地点进行抢救。于是，1500多名无辜的乘客和船员就付出了葬身海底的惨重代价。

但是有人反驳说任何人要设计弄沉这样一艘268.98米（882.5英尺）长、28.19米（92.5英尺）宽、吨位达45324吨的超级巨轮，显然都是一项超级疯狂、绝对匪夷所思的“大手笔”行为，因此，许多英国人都对“泰坦尼克”号阴谋论嗤之以鼻。

“泰坦尼克”号是人类的美好梦想达到顶峰时的产物，反映了人类掌握世界的强大自信心。她的沉没，向人们展示了大自然的神秘力量，以及命运的不可预测。泰坦尼克号将永远让人们牢记人类的傲慢自信所付出的代价。这场灾难震惊了国际社会。它向人类证明：人和人们的技术成就无法与自然的力量相比。

知识外延

1898年，英国作家摩根·罗伯森写了一本名叫《徒劳无功》的小说，其内容也是说一艘永远不会沉没的豪华巨轮在北大西洋沉没，这部小说竟然与1912年沉没的“泰坦尼克”号有许多惊人相似的地方。有人说这只是巧合，还有人说《徒劳无功》简直就是在描述“泰坦尼克”号的沉没。

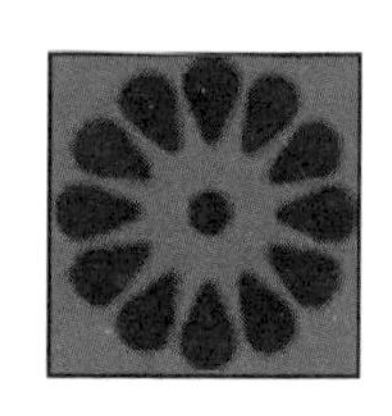

“长尾鲨”号的哀声

小/档/案

时间：1963年4月10日
地点：威尔金松海沟
难情：129人无一生还

美国海军核动力潜艇发展的里程碑“长尾鲨”号，从该级潜艇以后，美国核动力潜艇在整体工艺科技、静音能力、声呐侦测等方面便遥遥领先其他国家。然而该级艇的首艇“长尾鲨”号却沉没了，不幸成为美国海军史上第一艘失事的核动力潜艇。但由于它的革命性新设计是以后所有美国潜艇的原型，因此其地位不能忽视。

“长尾鲨”号核潜艇是美国的第十九艘核潜艇，可携带重量为二万吨的TNT核弹头，能从水下攻击海上目标，属攻击型核潜艇。“长尾鲨”号核潜艇载有萨布罗克反潜导弹，这也是当时最大的核弹。作为美国同级核动力攻击型潜艇中的第一艘，“长尾鲨”号集美国当时的先进技术于一身，性能十分优越，当时被誉为“万无一失”的战舰。然而不幸的是，“长尾鲨”在其服役后第一次修理完的试航中，却“出师未捷身先死”，爆炸后沉到了科德角以东200海里威尔金松海沟冰冷的海水中。

1962年7月，“长尾鲨”号核潜艇到朴次茅斯海军造船厂进行服役后的第一次修理，1963年3月结束，接着转入修后试航工作。修理期间曾发现的故障均已排除。修船期间舰员和厂员之间曾经出现过某种摩擦和不和，但并不十分严重。修后必须进行的上百项检查工作已经完成了10多项，剩

★ 科德角海岸

下的则有待于潜艇出海时再加以检验。

4月10日，“长尾鲨”号核潜艇在科德角以东200海里威尔金松海沟处进行深潜试验。试验海区海面平静。当潜水200米以后，水面上接收到舰艇中的声音就越来越模糊。不久，潜艇里就从水底报告：“出现故障，艇首上翘，目前正向压载舱充……”潜艇工作人员的话音显得十分惊慌，还没讲完便突然中断了，一片鸦雀无声。几分钟后，水下传来一声艇体破裂的声音，艇上129人无一生还。

一般舰艇事故都带有本身特有的原因，大致可分为二类：一类是舰船结构和技术上的原因，主要是在舰船设计和制造的过程中产生的，如设计水平低就往往会使舰船的平稳性、机动性和结构强度不够，或抗爆和防火性能差。材料、工艺等不过关，都会留下后患，导致严重事故。一类是在航行条件和紧急情况下出现的原因，多是舰员对舰船的性能、使用掌握得不够，或对航区的水文气象和水道测量的条件不甚了解等。

相关链接

美国“长尾鲨”号核潜艇于1958年5月28日开工，1961年8月3日正式服役，总长为84.89米，最大宽度9.65米，吃水为7.9米，水面轻载排水量为3526吨，正常排水量为3750吨，水下排水量为4310吨。当时，美国建造的全部常规艇和核潜艇的下潜深度均在210米左右，该艇却一跃增加到396米，这对于提高其与反防潜兵力的对抗能力无疑将具有重要意义。

经研究调查，“长尾鲨”号很可能是一根海水管道破裂，在深海中，这些管路内流动着高压海水，一旦有了裂缝，高压海水疯狂地向船艇内部猛灌。导致海水大量涌入舱内，而被海水浸泡和冲刷后的电线又影响了电气系统，从而使潜艇丧失动力。也有学者认为是由于主机舱内海水系统强度不够，造成耐压壳破坏，导致该艇“横尸”海底。

还有人说在冷战时期美国与苏联进行武器竞争，“长尾鲨”号的失事

★ 美国海军核潜艇

根源可能是美国在建造潜艇时只顾速度而忽视了质量，最终造成了悲剧性的后果。有资料显示，“长尾鲨”号的舰艇内的设施没有按照美国的标准来建造，艇内直径四英寸以上的水管采用焊接，但四英寸以下的次级管路却采用了溶银衔接。溶银衔接的管路没有接牢的几率却很高。此外，由于“长尾鲨”号建造工程紧迫，质量检验方面也不是很严格。“长尾鲨”号失事以后，为了防止其他舰艇有类似的事情发生，美国海军对舰艇进行了统一的检查，果然发现有许多用溶银衔接的管路确实没有接牢。

此外，还有人说负责将海水引入反应器冷却系统的海水阀也可能是罪魁祸首，因为“长尾鲨”号的排水阀在电力中断时无法关闭，万一遇到这种情况也会造成大量进水。

总之，“长尾鲨”号的失事原因有很多说法，究竟是哪一种还有待进一步研究。

知识外延

核潜艇是潜艇中的一种类型，指以核反应堆为动力来源设计的潜艇。由于这种潜艇的生产与操作成本较高，加上相关设备的体积与重量较大，只有军用潜艇采用这种动力来源。核潜艇水下续航能力能达到20万海里，自持力达60—90天。

“威望”号的沉没

时间：2002年11月

地点：西班牙西北海岸

难情：燃油外泄给当地的环境造成了巨大的破坏，已经有约30万只海鸟和无数的海洋动物死亡。

蓝天白云浮动，海鸟飞翔，广阔的大海白帆点点，美丽的海岸船只来来往往，一派生机勃勃的景象。然而，西班牙附近海域因为石油的污染，这里变成另一番模样。海面漂浮着大片油污，很多因粘满油污而无法飞翔的海鸟在海岸彷徨，还有无数海洋动物的尸体随波翻动……

2002年，已有26年历史的挂有巴哈马国旗的“威望”号油轮航行在西班牙西北海岸时搁浅，船体断裂了一条35米的裂口。而当时“威望”号上满载着七万多吨的燃油，这道裂口致使大量燃油外泄。几日后，“威望”号沉没海底，泄漏出来的燃料油迄今已污染了500千米的海岸，在严重破坏当地生态环境的同时，也沉重地打击了当地的渔业和水产养殖业，经济损

★ 西班牙海岸马略卡岛眺台

相关链接

“威望”号事件十分复杂，事故发生后，相关各国都相互推脱责任。日本强调“威望”号是1976年投入运营的，应当在1999年到期报废。但是希腊政府则说，“威望”号悬挂的是巴哈马国旗，应该属于巴哈马船舶。而巴哈马只管发“营业执照”，不管安全检查。事故发生后，西班牙和欧盟指责拉脱维亚和英国违反海上运输安全规定。拉脱维亚将原油装船后轻易放行，罪责难逃。而英国明知该船超期服役，却同意它运输燃油。

失巨大。据官方信息，已经有约30万只海鸟和无数的海洋动物死亡。

2002年11月13日，晴空万里，装载了7万多吨燃料油的巴哈马籍油轮“威望”号正在西班牙加利西亚省的海域航行，它的目的地是直布罗陀。加利西亚是西班牙的旅游胜地，但同时也是“死亡海岸”，因为那里气候多变，经常有沉船事故发生。“威望”号就是在加利西亚海域触礁断裂成两截而沉入大西洋海底的。

据生态专家确定，这次灾难是世界上最严重的漏油事件之一，“威望”号油轮的沉没造成大量的燃油泄漏，500千米长的海岸线与183处海滩遭到的污染一定会蔓延，使这片海域大范围的鱼虾贝类都遭到灭顶之灾。葡萄牙海域的生物也难逃劫难。据专家估计当地的生态环境至少要10年才有望恢复正常。另外，在这次事故中，一些地区的珍贵物种可能会就此不复存在。与此同时，当地政府还下令封锁了事发地附近长达128千米的海域，禁止渔民出海打鱼。这将意味着当地绝大多数居民将完全失业。

最大的潜在危险是沉入海底的七万吨燃油。西班牙科学委员会2003年1月8日宣布，到2003年1月8日沉入海底的“威望”号已经漏油2.5万吨，污染范围已从西班牙北部海域扩散到法国和葡萄牙海岸。更令人恐慌的是，那沉入海底的7万多吨燃料油变成

★ 西班牙海域巴利阿里群岛的居民区

了一颗定时炸弹，时刻威胁着人们的生活。

“威望”号泄油事件只是一个单纯的意外吗？有人说“威望”号船长应负责任。据调查，在漏油事件发生后，船长连续数小时拒绝前来救援的所有拖船靠近。由于船长的不配合，延误了救船的时机。另外，按照远洋船舶气象预报，“威望”号应在14天以前就知道他们要通过的海域会有8级风浪，但是“威望”号并没有绕航躲避，这也为“威望”号的失事留下伏笔。

也有人说是“威望”号本身的问题。“威望”号是20世纪70年代日本生产的单壳油轮。而多年来，单壳油轮的事故发生率是双壳油轮的10倍。人们在寻找“威望”号悲剧的原因时惊异地发现：“威望”号在此前已经有26年的船龄，“威望”号居然在过去3年中从未接受过港口检查！在沉没前的一次检查中，它曾被发现船身有缺口需要维修，但是2002年6月经过直布罗陀海峡时，当地官员均未再检查便批准放行，这就使得“威望”号沉没是迟早“注定”的了。

海洋是我们共同的家园，但是在人类的肆意破坏下，它已经变得面目全非。我们在面对已经发生和即将发生的灾难时，是否应该仔细思考自己的行为，在获得最大经济利益时，究竟应该如何保护脆弱的生态环境。“威望”号带给西班牙等地区的灾难还在继续，没有人知道将会有多少人、多少动物、多少植物遭受毁灭之灾。谁又为被污染的环境买单？

知识外延

油轮主要用来运输原油、原油的提炼成品（如动力油、燃料油等）、石油化工产品，也可以用来运输其他液体比如水等。油轮很容易与其它轮船区别开来，它甲板非常平，不需要甲板上的吊车来装卸货物，只有在油轮的中部有一个小吊车，这个吊车的用途在于将码头上的管道吊到油轮上来与油轮上的管道系统接到一起。油轮上的管道系统从远处就可以看到。

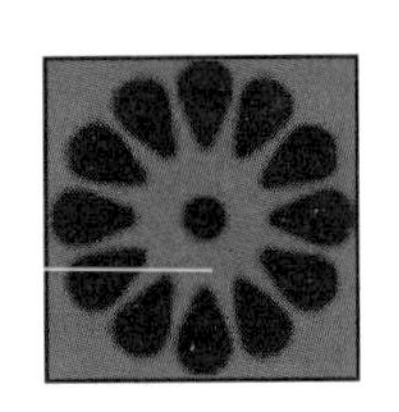

“雅茅斯城堡”号的死亡之旅

小/档/案

时间：1965年11月13日

地点：迈阿密至巴哈马之间的航线上

难情：89人遇难

美丽的邮轮在浩瀚的大海中行驶，迎着朝阳，伴着晚霞，载着乘客们驶向彼岸，这是多么美好的场景。然而总是会有意外发生，也许这艘大船会突然地消失在了海底，也或许这艘轮船突然泛起了熊熊火光。

1965年11月13日凌晨，于1938年建造的5000吨旅游船“雅茅斯城堡”号，在离纳索东北96公里处，悬挂着巴拿马国旗，在迈阿密至巴哈马之间的航行途中失火沉没了。船上有370名乘客和175名船员，其中89人遇难。没有人会意料到，“雅茅斯城堡”号轮船的这次航行，竟然会是一次残酷的死亡之旅。

1965年11月13日凌晨两点左右，“雅茅斯城堡”号旅游船正在行驶，突然无人居住的601室船舱起火了。船员们闻讯迅速赶来，他们用脚踹开了房门，房内的火苗就忽地一下向他们扑来。由于火太大，火势一时间难

★ 巴哈马群岛上哈勃岛的粉色沙滩

★ 正在捕食的鲨鱼

以控制，但是船员们还是在很努力地进行扑救。当“雅茅斯城堡”号船长听到消息后，也立即奔赴现场，指挥并参与救火。无奈，这是一位缺少处理这类事故经验的船长，竟拖拽着还在燃烧的物品，冲上驾驶台，跑过过道，登上了舷梯。如此拖着易燃物行动，火焰便大肆蔓延开来。

由于船上剧烈的抖动和烟火的蔓延，沉睡的乘客们都被惊醒了，看到熊熊的大火，整艘大船顿时一片混乱。慌乱中的乘客们首先想到了救生艇，他们跑到甲板上要求放下救生艇，但是接下来的事情却让乘客们几乎绝望，因为这艘船根本没有任何救援设施，客舱里没有放置任何的救生用品。有些乘客走到甲板上时还发现缆绳上涂了油漆，船上的救生艇也无法放下，甲板上更没有救生圈！

在慌乱中，有两名求生欲望极其强烈且胆量比较大的乘客，率先爬上了拴在船上的救生艇，但是却发现这只救生艇根本无济于事，绞车也不能使用。后来，他们又爬上了另外一条救生艇，但艇上却没有桨。最后终于有一只救生艇被放下来了，乘客们都争相进入救生艇，然而却只能容纳50人，有的人被挤得掉入水里，却惊恐地发现在救生艇的周围全部是鲨鱼。可怜的乘客刚出火灾又进鲨鱼嘴。只有一个乘客死死地拉住一只木桨，多亏了艇上的人发现了他，才避免了被埋葬鱼腹的危险。然而并不是所有的人都是那么的幸运。

就在这危急时刻，毫无责任心

相关链接

"雅茅斯城堡"号本身有安全隐患，船上满载易燃家具，睡舱里镶嵌着厚木板，再加布置舱房使用了地毯、挂毯，这艘船成了一个浮动的易燃体。但众多的旅游者仍然相信广告上的鼓吹，认为它是一艘安全的"游船"将驶往有异国情调的、迷人的纳索。在海上的第一个晚上（也是最后一个晚上），船上举办了可以让乘客尽兴的舞会和宴会，370名乘客都玩得十分痛快，也都玩得困乏极了，导致船舱失火没有被及时地发现。

的船长沃特辛纳斯和几位船员却逃走了。乘客们更加心神慌乱，似乎就只有等待死神的降临了。但是就在人们万念俱灰时，在附近海域的"巴哈马之星"号和"芬帕尔普"号看到火光映照的夜空，都调转船头去营救"雅茅斯城堡"号了。此时"雅茅斯城堡"号几乎全部陷入火海之中。"巴哈马之星"号的船长下令自己的船尽量靠近"雅茅斯城堡"号，尽管此时"雅茅斯城堡"号已开始迅速地下沉了。但在"巴哈马之星"号船长的从容指挥下，"雅茅斯城堡"号的救援工作开展十分顺利。直到11月13日上午6时5分，人们看着"雅茅斯城堡"号在蒸汽弥漫之中船尾没入水中。"雅茅斯城堡"号从海面消失了。这次火灾虽然大部分乘客被救，但仍有87名乘客和2名船员遇难。

火灾后，有关部门对此进行了深入调查，认为"雅茅斯城堡"号上的安全设施不太完善，救生设施也不符合要求，但是居然一直没有人对此予以关注。而在它最后一次航行中，"雅茅斯城堡"号的船舱里放满了易燃家具，卧舱的墙壁上是用厚木板镶成的。在布置舱房时，船尾还放置了地毯、挂毯等易燃的物品。没有人知道为什么船主会对这艘旅游船进行如此设计和在设计中是如何考虑的。而

★ 海底沉船

无人居住的空仓起火的原因，有人猜测可能是因为其周围都是易燃品，物理反应所致。也有人认为是乘客吸烟火花蹦出而导致，或者是没有熄灭的烟火头引起的。但究竟如何，却无人知道。

如果没有易燃家具，没有地毯、挂毯等易燃的物品，也许不会燃起大火，或者可以被扑灭。如果轮船的救生设施完好，那么就不会有乘客遇难。但是世间没有如果，我们只能对可能引起火灾的某些行为予以关注，做到将发生火灾的一切可能扼杀在摇篮里。但是并不是所有的行为都有可预见性，这就需要人们掌握发生火灾时救火和自救的方式方法。而如何尽可能避免火灾的发生和在火灾发生时保证人员和财产损失减至最小，这还需要人们做进一步的探索研究。

知识外延

巴哈马是一位于大西洋西岸的岛国，包含700座岛屿和珊瑚礁。在佛罗里达州东南海岸对面，古巴北侧。群岛由西北向东南延伸，长1220千米，宽96千米。由700多个岛屿及2000多个珊瑚礁组成。其中20余个岛屿有人居住。属亚热带气候，年平均气温23.5℃。

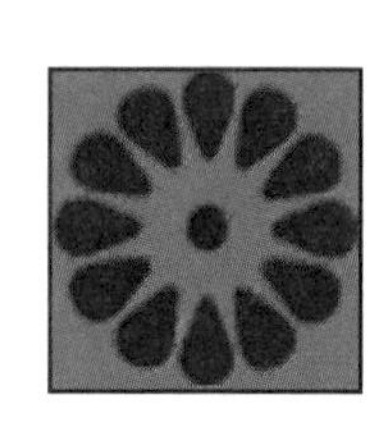

“莫洛·卡斯”号的毁灭

小/档/案

时间：1934年9月5日
地点：大西洋洋面
难情：135人遇难

历史上，许多豪华客轮都在一次海难或人为灾难中被毁。它们的制作费用在当时可谓首屈一指，坚固程度应该也是很好的，只可惜这些豪华客轮总是不幸沉没，辉煌荣耀一闪而逝，难道坚固的轮船注定要被毁灭吗？

美国一个叫作爱司贝尔的小镇，突然有天这个小镇沸腾了，好奇的人们从四面八方纷纷涌向这座无名的小镇。原来美国豪华客轮“莫洛·卡斯”号搁浅在了爱司贝尔小镇。人们都想亲眼看一看美国豪华客轮“莫洛·卡斯”号。但是遇难后的“莫洛·卡斯”号已经面目全非了，轮船上层全部被烧毁，甲板上布满了逃难者丢下的物品，还有不少烧焦的尸体…… 望着这悲惨的一幕，人们不禁在想这一切是如何发生的呢？

时间倒回1934年9月5日，“莫洛·卡斯”号巨轮载着318名乘客从古巴的哈瓦那港起航，计划穿过佛罗里达海峡，最后到达纽约。晚上6时，在大西洋宽阔的洋面上风平浪静，到处都是黑压压的一片。唯有灯火辉煌的“莫洛·卡斯”号客轮犹如一座海上城堡，在洋面上缓缓地行驶着。螺旋桨搅动着海水，发出节奏感很强的震动声，在寂静的洋面欢唱着。客轮的舞厅里灯光闪烁，美妙的旋律令游客们沉醉。咖啡室里的人们，正在津津有味地品尝着咖啡，欢快地谈天

★ 哈瓦那港口

说地。游艺馆里，人们正在尽情地娱乐……船上的一切都显得那么欢乐而愉快。这是旅客们在船上度过的第一个不眠之夜，没想到也将是最后一个。

但是到了傍晚时分，机舱内的一个锅炉出现了问题，供气能力达不到要求，船速明显放慢了。船长对此十分地恼怒，他准备去机舱察看，但是船长并没有走出过船长室。晚上九点时，轮机长经过船长室时发现门开着，他好奇地走进去，却发现船长死在了浴缸里。轮机长感到很不安，立即打电话通知其他人。船医让人把船长的尸体抬到甲板上，准备运到纽约进行尸体解剖以查明死因。

午夜，狂风大作，预示着一场风暴即将来临。驾驶室代理船长和船医探讨着船长的死因。到了凌晨3点，忽然有船员推开驾驶室，慌张地向代理船长报告说船上冒烟了。经过察看，发现烟是从一个柜子里冒出来的，柜子里的化学物品被烧着了。当船员们找到火源时，图书室里的书柜、木质家具、地板、舱壁都已着火了，火焰

相关链接

关于船长之死，船医认为是有人给船长下了毒。因为他在船长室发现有人曾经在那里喝过威士忌，桌子上放着两个杯子，一个杯子还残留着一些液体。船医原想请警察检验杯子里面是否下了毒，以及杯子上的指纹是谁留下的。但是还没有来得及办理，“莫洛·卡斯”号就着火了。

★ 海面上的大风暴

正向客厅、酒吧和饭厅蔓延，火势之凶猛令人惊讶。由于船员们很少进行防火演练，所以在这紧要的关头都显得惊慌失措，而代理船长霍姆斯也因为是第一次遇到这么严峻的事情，在慌乱中竟然忘记了下令减速。而这时的海风却助长了大火嚣张的气焰，很快整个“莫洛·卡斯”号的上空火光一片。

等待慌乱中的代理船长镇定下来下达命令，让全部船员救火时，一切已经晚了。全船的人们都处在极度恐慌中，甲板上更是乱作一团，人们都拼命地想要逃命，哭声、喊声充斥着红色的天空。其实船上一共有12只救生艇，每只可载70人，再算上救生筏在内，一共可以坐一千多人，如果组织得当，全船的人都会得救。但是由于人们慌乱没有秩序，使得一只救生艇仅仅有七八个人就被放了下去，而救生筏在当时根本没有起到作用！最后在其他船只的救助下，414人获救，135人遇难，价值500万元的“莫洛·卡斯”号不复存在。

“莫洛·卡斯”号失事后，为了查明失火原因，美国船舶当局组成了一个专门事故委员会，对船上船长突然死亡的原因进行调查。但是一直没有突破性的进展。

知识外延

“莫洛·卡斯”号是美国伍德凯轮公司于1930年建造的双烟囱客轮，十分的豪华。船身长155米，排水量11500吨，是一艘坚固的客轮。

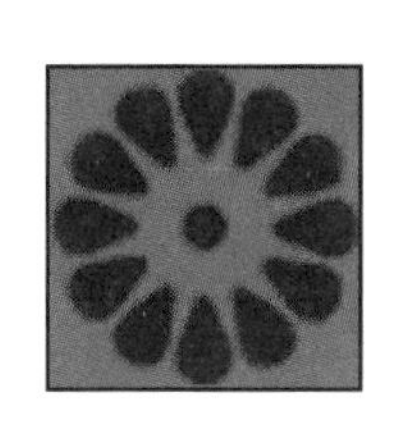

“皇家橡树”号被炸沉

小/档/案

时间：1939年
地点：英国斯卡珀湾
难情：833人死亡

“皇家橡树”号是一艘极具荣誉的战舰，曾多次作为英王的座舰出访各国，舰上的贵宾室内永久性地放着英王的宝座，墙壁上还悬挂着历代英王的画像。在英国国民的眼里，“皇家橡树”号已经成为战无不胜的皇家海军的象征。“皇家橡树”号曾经是何等的风光，何等的荣耀。然而随着一声炸响，一切都化为灰烬了。

1916年英国有“君主”级战列舰5艘，“皇家橡树”号是其中之一，该型战列舰标准排水量33800吨，舰长190.3米，宽26.97米，吃水深8.27 米，主机动力90000匹马力，最高航速每小时24海里，舰载武器装备有381毫米口径主炮9门、152毫米口径火炮12门及大量中小口径火炮等。“皇家橡树”号是一艘战斗力极强的战舰。

也有人说“皇家橡树”号其实除了火力较强以外，基本上没什么可取之处。“皇家橡树”号是英国财政预算不足下的应急产物，存在着船体被缩短，适航性差，航速才21～23节等等问题，基本上就是“漂流”的炮台。无论“皇家橡树”号的实际情况如何，1939年10月14日以后，它都成为了历史。

1939年10月14日凌晨两点，本是一个安静的夜晚，在英国皇家海军本土最大的基地斯卡珀湾上，骤然响

★ 在海洋里急速行驶的德国潜艇

相关链接

“皇家橡树”号战舰的命名来源是一棵救了查理二世命的老橡树。1651年9月3日，英王查理二世在伍斯特大战中败北，只身落荒而逃。他发现了一株橡树，而这老橡树恰巧是中空的，于是急忙藏身于内，避过追兵，查理斯二世卷土重来，反败为胜，所以将这棵老橡树封为“皇家橡树”。皇家橡树自此成为战神，也成为英军的吉祥物。

起的巨大爆炸声打破了夜晚的安静，也震掉了英国皇室的荣耀。“皇家橡树”号战舰熊熊大火燃起，战舰迅速沉入水中，许多尚在梦中的官兵还没弄清怎么回事，便随着战舰一起葬身火海了，包括第一战列舰分队司令梅勒少将在内的833名官兵无一生还。“皇家橡树”号的炸沉成为英国的“珍珠港事件”。

作为英国海军二战期间最强大的主力舰，“皇家橡树”号就这样莫名其妙地被击沉了。事后专家分析，“皇家橡树”号是被德国潜艇发射的鱼雷击沉的，然而许多专家看到这个报告后，都感到难以置信。就斯卡珀湾的地形而言，航道狭窄曲折，基地入口处设有浮动炮台和封锁船，连一般的水面舰艇通过都需要导航员引导，是一个极其安全的基地，而且基地指挥官也曾断言：“斯卡珀湾不存在来自海洋的威胁！”如此一来，更多的专家更是无法理解，德国潜艇是如何在深夜从水下绕过重重障碍进入港内的。

当时担任英国海军大臣的丘吉尔得知此事后，也是百思不得其解，不过当时在二战期间，为了鼓舞士气，减少国民恐慌。丘吉尔对外则谎称，“皇家橡树”号是因锅炉爆炸而沉没的。

直到二战结束后，“皇家橡树”号事件才有了新的说法，据说“皇家橡树”号是被一个德国间谍韦林炸毁的。韦林在1928年参加德军情报部门以后，就一直潜藏在被德军认为是德英战争中的战略要地——斯卡帕湾。作为间谍，韦林精通英、法、德三国语言，在英国的活动几乎是如鱼得水。首先，他化装成一名瑞士钟表匠，在紧靠斯卡珀湾海军基地的奥科内岛开设了一家专门出售瑞士钟表的商店，通过出售钟表结识了很多颇有身份的朋友。十二年的时间，韦林获得了大量关于斯卡珀湾海军基地设施、航道和停泊舰艇的情报，并及时通报给了德国的上司卡纳里斯。

这个新闻的爆炸性力度不亚于“皇家橡树”号的炸沉，据美国记者讲述，卡纳里斯根据韦林发来的情报，派出U-47号潜艇夜袭斯卡珀湾。U-47号潜艇根据韦林提供的港湾航道图指挥潜艇，穿过重重障碍，神不知鬼不觉地溜进了斯卡珀湾，并在9号

★　潜艇

锚地找到了“皇家橡树”号。U-47号潜艇在距“皇家橡树”号180米处发射了6枚鱼雷，击中了舰上的弹药库，将这艘3万吨级的巨舰炸成两截。随后乘乱撤出港湾，并在约定地点浮出水面，接上韦林，一起返回了德国。

根据美国记者的讲述，如果能找到认识韦林的人，那么这件事就是铁证如山了。然而，前来奥科内岛，对此事进行调查的英国记者，却发现没有一个人认识韦林，而他本人似乎也从没有被人见到过。而且所谓的韦林的上司卡纳里斯也一直没有提到过这个人。在奥科内岛是否真的存在过一个长期潜伏的德国间谍吗？不禁令人质疑。另外，美国记者是如何得知的，而且是如此的详细。这些都无法解释。

也许德国间谍只是人们的一种推测，由于没有更加充实的证据，无法确定“皇家橡树”号是被德国的间谍所毁。至于“皇家橡树”号炸毁的真正原因，还需要进一步研究。

知识外延

珍珠港事件：1941年12月7日清晨，日本海军的航空母舰舰载飞机和微型潜艇突然袭击美国海军太平洋舰队在夏威夷基地珍珠港以及美国陆军和海军在欧胡岛上的飞机场，太平洋战争由此爆发。这次袭击最终将美国卷入第二次世界大战，整个事件被称为珍珠港事件或奇袭珍珠港。

【科学探索丛书】

◎ 出版策划　膳書堂文化

◎ 组稿编辑　张　树

◎ 责任编辑　王　珺

◎ 助理编辑　朱　延

◎ 封面设计　膳书堂文化

◎ 图片提供　全景视觉

上海微图

图为媒